減醣快瘦
氣炸鍋料理

減醣實證者　×　體態雕塑營養師
小魚媽　　　**Ricky**

量身打造 **58** 道增肌減脂減重餐

7 天無痛瘦下 **2** 公斤

suncolor
三采文化

Contents

PART 1
氣炸鍋讓風靡全球的減醣飲食更易上手

PART 2

減醣快瘦計畫，這樣做就對了！

PART 3

肉類、海鮮好好吃！18道減醣料理

PART 4

蔬菜吃飽飽、超營養！15道減醣晚餐

PART 5

氣炸一鍋搞定一餐！20道氣炸懶人料理

PART 6
減醣也能吃甜點!5道減醣烘焙

特別收錄

減醣調味料輕鬆做

減醣飲食，
讓我體態精神都比年輕時更好！

我是40多歲的忙碌媽媽，有一個9歲兒子、一個6歲女兒，生長在務農家庭，一直以來都從事親子料理及兒童食育的工作。後來隨著孩子漸漸長大，我開始往心靈領域與食物的方向研究與學習。

我一直深信人吃進什麼樣的食物，身心狀態都會被飲食影響，就是所謂" You are what you eat."。以我為例，年輕時最自豪的就是怎麼吃都吃不胖，身邊的人也都很羨慕我，可以隨意地大吃大喝，完全不用擔心體重。

後來結婚後，原本長年維持43公斤的我，在懷孕後期竟然體重飆升到65公斤，整整增加了22公斤！生完小孩後一直停留在55公斤，第二胎生完又經歷了更年期，體重一直在50幾公斤徘徊，即使透過運動重訓，體重還是一直沒太大變化，指導我運動的教練一直告訴我，飲食才是根本。

所以我開始試著選擇入口的食物，吃身體需要的、而不是自己想要吃的，於是我開始嘗試生酮飲食，但又因為我有自己的事業，也有催眠師執照，接案的工作型態讓我常在外面跑，很難一直照著生酮的方式吃東西，所以我調整成低碳減醣的飲食方式。

維持減醣飲食一陣子以後，發現即使因為工作忙碌沒時間運動，只要飲食照著減醣的原則走，體重不增反而減少，而身體也開始適應減醣飲食，精神竟也變好了。身旁的人看到我這樣吃，竟然能讓體態變好，也開始跟著我減醣。

過去大家對減重的印象就是「要節食」，但「減醣飲食」顛覆了這樣的既定印象，不但可以好好吃，也能吃飽飽！而氣炸鍋真的是我的減醣超級好幫手，食材準備好，設定好溫度時間即可，氣炸鍋料理的時間，我還可以做一點家務，一舉兩得！現在的我，工作一樣忙碌，還是工作家庭兩頭燒的職業婦女，但精神與體態都比以前更好，對自己也更有自信。

如果你是那種呼吸也會胖的體質，邀請你跟著我一起這樣吃，身體會告訴你它的感受！一起來發現減醣的美妙，享受讓身體無負擔的減醣美味料理吧！

小魚媽

減醣氣炸鍋料理，讓減重超輕鬆！

身為一個專業營養師，我幫助很多想要有減重需求的民眾，去有效正確地達到減重目的。但我還是常看到很多人還在使用減肥藥、中藥，或一些來路不明的保健品來減肥，看了很痛心，也苦口婆心告誡大家，希望趕快戒掉錯誤的減重習慣，這樣雖然輕鬆有效，但對身體是非常大的負擔，在我看來，那些最多是輔助品，在必要時幫助減重，但絕對不能持久！

如果你今天用減肥藥來抑制食慾，讓自己吃很少，以達到減肥效果，但短時間使用也許對身體負擔還不會那麼大，但長期吃下去，對健康是很大的損害。我有個學生就有慘痛經驗，10年間她靠減肥藥維持身材，但也因此罹患了甲狀腺低下，讓她後悔不已。我想說的是，若是靠極端的方法瘦身，可能要一直靠這樣極端方式才能維持，但久了，賠上的可能不只是身材，而是健康！

減肥困難之處不是瘦下來，最難的是「觀念養成」，如何在每次拿起食物要放進嘴裡前，問自己：「這是我需要的營養素嗎？還是只是受到心情波動想吃的東西呢？」常問自己，自然就會慎選入口的食物，維持體態就不會困難！

所以，觀念養成非常重要，《減醣快瘦 氣炸鍋料理》一書中，結合了我身為營養師的專業，讓大家了解為何這樣子吃？當明瞭了為什麼，飲食之路將會更有方向也更明確。本書也仰賴小魚媽的專業，把每一道低醣食材，化作美味的氣炸鍋料理，畢竟知道原則還不夠，好吃才能持久！

我真的很喜歡用氣炸鍋做料理，因為它非常簡單快速，只要將食材準備好、並設定好時間及溫度即可！翻開本書的讀者們，可以先看完原理理解知識，將觀念及方法落實在生活當中。還沒有氣炸鍋的，趕快去入手一台，可以為家人或自己做出一道道快速健康的減醣料理！這樣的減脂方式才是最幸福的，可以吃得健康、吃得飽，還能夠瘦，才是有辦法維持一輩子的方法！

營養師 Ricky

PART1

氣炸鍋讓風靡全球的
減醣飲食更易上手

什麼是減醣飲食？

近幾年非常流行的減醣瘦身，如果想試試看，不妨先聽聽Ricky營養師怎麼說，了解相關資訊，與一般減肥法做個比較，就能明白為什麼減醣飲食這麼受歡迎了。

一般減肥法和減醣瘦身飲食的差別

○一般減肥法

一般減肥的方式都是精算熱量及三大營養素（蛋白質、脂肪、醣類）為主，三大營養素也是提供人體熱量的主要營養素。

這種方式很好也精確，但缺點在於：很難計算「實際營養素」。因為每種食物不只含有單一營養素，每種食物裡都有三大營養素，舉例來說，雞腿肉不只有蛋白質，也有脂肪，如果真要算出實際營養素，吃便當時就必須各別把白飯、主菜、配菜、配料逐一拿出來秤過，再分別去查食物代換表，操作起來很費心力，容易半途而廢。

此外，一般民眾不像營養師了解什麼是食物代換表，比較沒辦法快速換算營養素，這樣一餐下來會浪費不少精力，且如果一天吃到3～4餐，實行減肥2個月，每餐有5種食材，一一秤重、相加，你總共會執行→**每餐×5種食材×1天3餐×2個月（60天）＝總共需要秤重900次。**

如果你的飲食習慣很簡單，也都是自己準備，問題不大，但外食族採取這種減肥方法是很麻煩的，很容易成為減重瘦身者的阻礙。

○減醣瘦身飲食

減醣飲食是降低碳水化合物份量,可能把平常吃的米飯從1碗調降成1/3~1/4碗。好處是血糖較不會波動,不易產生飢餓感。

當吃進大量的碳水化合物會使得血糖上升,胰臟此時收到警訊,知道血糖正飆高,會趕緊出來滅火,分泌胰島素來降低血糖,但很多時候,血糖下降得太低,使身體處於低血糖狀態,偏偏人體處於低血糖症狀時,身體的生理反應會刺激食慾,讓你想要進食,很容易吃完一餐就想接著吃點心。

減醣飲食的好處在於能大幅降低上述情形,讓你一餐吃完,具飽足感、血糖也不易波動,可以輕鬆撐到下一餐。

減肥、減脂者的一大福音

減醣飲食的好處主要有:不易有飢餓感、有助提高精神力及專注度、對減重者來說能持之以恆、不易復胖。而減醣飲食比較不會因吃到大量碳水化合物使得血糖不穩定,造成低血糖的頭脹脹與飢餓感。

減醣會使身體的能量使用模式逐漸從「只會從肝醣燃燒」逐漸轉變成「脂肪燃燒」的系統,而從脂肪燃燒使用能量會產出副產物——酮體,酮體有良好的抑制食慾效果。此外,也可使胰島素穩定,處於低數值,對想要減肥、減脂者是一大福音!

┌ 醣跟糖傻傻分不清楚?! ┐

現在常聽到要戒糖、要減醣,但是醣跟糖你分得清楚嗎?

碳水化合物可分成單糖、雙糖、寡醣、多醣,以上的醣類/糖類都稱為碳水化合物。

當碳水化合物進到身體當中,會以葡萄糖的形式轉化為血糖,為人體提供能量。人體可以直接利用,多餘的能量則會轉成肝醣及脂肪。

醣類 是日常生活中常聽到的食材,例如:全穀雜糧類包含了米飯、糙米、麵條、地瓜、麵包、馬鈴薯、芋頭、麥片、吐司等。 水果類包括西瓜、鳳梨、水蜜桃、火龍果、芭樂、檸檬、香蕉、草莓、番茄等。這類食物都屬於醣類,而減醣飲食的「減醣」就是減少這一類型的醣。

糖類 指的是精緻糖,泛指一切吃起來會甜甜的糖類,如砂糖、白糖、黑糖、蜂蜜、果糖等,這類糖是健康及減肥的大忌,建議不碰會比較好。

--- Tips ---

乳製品含有乳糖,但不是額外的添加糖,它是食物本身所含的糖,這種糖是可以接觸的,如牛奶、優格、優酪乳、起司、奶粉等。

什麼是「酮酸中毒」？

前幾年很流行生酮飲食，讓醣類攝取量降到很低，使身體產生大量酮體來瘦身，但有人質疑會酮酸中毒，影響健康，而感到害怕。

酮酸中毒的症狀有嘔吐、腹痛、呼吸加快、全身乏力、神智不清，嚴重還會造成昏迷。但酮酸中毒也是有條件的，怎麼說呢？

先來了解酮酸中毒是如何產生的。當人體極度缺乏「胰島素」，使得常用能量葡萄糖無法被細胞利用吸收，身體會以為缺乏能量，故不斷地製造葡萄糖，處於「高血糖狀態」，這時身體會燃燒脂肪，產生副產物酮體。

但要滿足酮酸中毒有許多條件，如高血糖、高酮體、低pH值、滲透壓、電解質失衡，而啟動酮酸中毒最大原因是「胰島素缺乏」或是無法使用，所以只要不是第一型糖尿病的病友都不用擔心。如果是第二型糖尿病的病友想嘗試低醣飲食，建議先跟醫師討論是否需要調整胰島素用藥量（千萬不能擅自停藥）。

胰島素非常重要，當身體酮體過高時，胰島素會抑制酮體產生，而減醣飲食是讓胰島素處於低水平，而非無法產生胰島素。

每種食材都能攝取的優質減重法

身為體態雕塑營養師，我接觸過太多想要減肥的人，他們遇到的一大阻力是無法控制食慾、一直想吃東西。減醣飲食模式較能持之以恆，也不需要長期忍耐不吃某種食物，基本上任何食物都能吃（但不包含垃圾食物喔），只是需要控制好份量，沒有壓抑就不會暴飲暴食。

我覺得減醣飲食就像是均衡飲食跟生酮飲食之間的平衡點，幾乎每種食材都能攝取。這點非常重要，因為亞洲人的主食米飯和麵包，可以少吃，但無法禁止，強制禁止他們食用是很辛苦的，也不太人道。所以，我曾遇過很多案例是，他們寧願繼續拖著肥胖、不健康的身體，也不願意改變。對想減重的人來說，減醣飲食是很好的切入點。

● 均衡飲食、減醣飲食和生酮飲食

均衡飲食是50～55%的碳水化合物、15～20%蛋白質、20～30%脂肪。

減醣飲食是20%的碳水化合物，50～60%脂肪及20～30%蛋白質作為飲食原則，原理與生酮飲食相似，但方法比較沒那麼激烈。

生酮飲食比例則是5%碳水化合物，75%脂肪加上20%蛋白質。

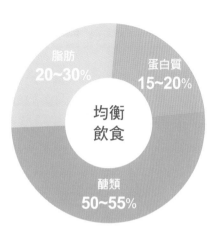

脂肪
20~30%

蛋白質
15~20%

均衡
飲食

醣類
50~55%

脂肪
50~60%

減醣
飲食

醣類
20%

蛋白質
20~30%

醣類
5%

蛋白質
20%

生酮
飲食

脂肪
75%

● 減醣飲食的良性循環

碳水化合物份量降低	能量使用模式轉換成「脂肪燃燒」	任何食物都能吃	能持之以恆
血糖穩定、不容易感到飢餓。	產出副產物——酮體，具良好抑制食慾效果。	沒有壓抑就不會暴飲暴食。	可以持續健康地瘦下去。

減醣飲食的3大關鍵

> 每個人的身體狀態都不同,對於減醣的適應度自然不一樣,營養師Ricky提醒不是所有人都直接降低碳水化合物攝取量就好,想健康減醣且瘦下來,必須掌握3個關鍵。

關鍵 **1** 控制每日碳水化合物量

碳水化合物的攝取量是因人而異,因為每個個體對於碳水化合物的血糖反應不盡相同,但是大部分的人對於碳水化合物是敏感的,其會在攝取相同的碳水化合物後,血糖升高,造成胰島素波動較大。

身體主要的能量使用是醣類,只有等醣類消耗完畢以後,才會開始使用副能量——脂肪,而脂肪是最佳的儲存能源,摸一下自己身上最肥的部分,那就是身體的儲備能源。

雖然醣類為身體的主要能量消耗,但醣類的儲存模式是肝醣,其總重量是200~500g,相當於800~2000大卡,在不額外攝取食物的情形下,人體的肝醣會在18小時內耗盡,換句話說,當我們盡可能減少碳水化合物的攝取,當少量的肝醣很快被使用完畢後,身體就會轉成利用脂肪來當作能量使用,達到減脂瘦身效果。

○建議的碳水化合物(醣類)總量

男生的碳水化合物建議總量是80~90g,女生是60~70g。因為會有個體差異,如身高、體重、運動量、肌肉量都不相同,這只是一個大約值,可以抓取這個範圍內的量來實行減醣飲食。當然,以減重來說,碳水化合物攝取量愈低愈好,但為了能幫助大家健康地瘦下來,本書碳水化合物的量是設定在60~100g之間。

● 當身體醣類能量使用完畢，將消耗脂肪

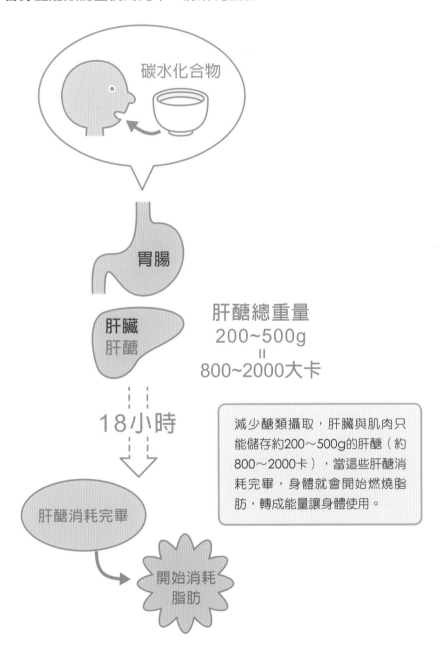

碳水化合物

胃腸

肝臟
肝醣

肝醣總重量
200~500g
＝
800~2000大卡

18小時

減少醣類攝取，肝臟與肌肉只能儲存約200～500g的肝醣（約800～2000卡），當這些肝醣消耗完畢，身體就會開始燃燒脂肪，轉成能量讓身體使用。

肝醣消耗完畢

開始消耗
脂肪

關鍵 2 以蛋白質和油脂取代碳水化合物

一般均衡飲食的三大營養素攝取比例為碳水化合物50～55%、蛋白質15～20%、脂肪20～30%。

但任何減肥飲食法必定要限制卡路里總量，因為能量不會自行增加或減少，即便是採取很健康的飲食方式和食材，只要超過你的每日消耗，多餘的能量也是會轉變成體脂肪囤積。所以，在限制卡路里的情況下，我們把碳水化合物降低，然後補上蛋白質、脂肪，以達到減醣的目的。

所有食材都含有三大營養素（碳水化合物、蛋白質、脂肪），只是比例不同，像雞胸肉，它不只有蛋白質，也有少許脂肪，建議設定好你要減脂的熱量，然後調整三大營養素的比例為碳水化合物20%、蛋白質20～30%、脂肪為1－（碳水化合物＋脂肪的比例），脂肪部分，舉例來說如下：

碳水化合物20%、蛋白質20%，脂肪就是1－（20＋20%）＝60%
碳水化合物20%、蛋白質30%，脂肪就是1－（20＋30%）＝50%

以蛋白質食物及油脂取代碳水化合物還有一個原因，就是這類食物不會引起血糖上升，就不會有前面說的血糖問題（引起胰島素上升，導致身體不斷想進食，進食量也是造成減肥的一大阻力啊），且減少碳水化合物攝取，肝醣儲存量也會下降，身體會更快把脂肪當作能量來使用，減脂瘦身的效果會更快更明顯。

關鍵 3 選擇含醣量低的蔬菜

許多人擔心蔬菜中的「醣」會影響減醣效果而不吃，這樣的狀況會造成許多問題，像是便祕、心悸等。

但蔬菜之所以重要是因為富含纖維、維生素、礦物質及豐富的微量元素。減醣飲食已經把全穀雜糧類攝取降低許多，可能會缺乏很多微量元素，所以一定要多攝取蔬菜，只要聰明選擇含醣量低的蔬菜，像是紅蘿蔔、白蘿蔔、筍類、地瓜葉、甘藍菜、小白菜、青江菜、白花椰菜、綠花椰菜、苦瓜、絲瓜、牛番茄、杏鮑菇、金針菇等，就能幫助你更順利地執行減醣飲食！（相關蔬菜的醣類含量表，請參考P.187～188）

營養師量身打造
你的飲食比例

> 「七分靠飲食、三分靠運動」是瘦身界常聽到的金句名言，身為體態雕塑營養師的Ricky就要告訴你最佳的減醣飲食比例，及如何算出所需的營養素。

營養師的減醣飲食比例

我建議的減醣飲食比例為：

碳水化合物 20%、蛋白質 20～30%、脂肪 50～60%

會這樣設計的原因是，減醣飲食的碳水化合物要控制在20%，蛋白質希望可以多攝取，以防止肌肉流失，所以將比例拉到20~30%，剩下的熱量缺口就是用脂肪補足，脂肪造成的胰島素波動也是最小的。

算出你所需的營養素

飲食比例出來了，但重點是要如何算出你所需的營養素？首先，要確定你的目標是什麼，如果想維持正常體重，那熱量要設定在**每日總消耗熱量（TDEE）**，如果想要減脂瘦身，那熱量要設定在**每日總消耗熱量（TDEE）× 0.8**。簡單舉個例子比較好瞭解：

姓名：王大明	年齡：26歲	
	身高：175cm	體重：85kg
每週輕度運動3次	基礎代謝率1800大卡	每日消耗量為2500大卡

想要減脂瘦身的話，就是把每日消耗量打8折（×0.8），熱量設定要落在2500大卡×0.8＝2000大卡。

● 飲食比例換算如下：

碳水化合物：100g	蛋白質：150g	脂肪：111g

以上為舉例說明，目的是方便大家理解，通常減脂階段，不會吃到這麼高熱量，且不管是男生、女生都以上述方式來計算。

我曾帶過非常多的減重學員，建議熱量設定在男生1600～1900大卡、女生1100～1300大卡，但還是要視身高、體重、年紀、肌肉量、體脂率及工作狀況，加上運動情形，才有辦法更準確地去評估。

膳食纖維這樣攝取最好

減醣階段補足蔬菜纖維非常重要，且盡量從食物中攝取，不要買纖維素來補充，同樣都是纖維，但進到身體裡的感受是完全不一樣的。

依衛生福利部建議每日纖維攝取量為25～35g，蔬菜可以攝取最少400g生重以上（就是還沒有煮熟的菜），再搭配原型食物（原型食物裡也有很多膳食纖維）。

營養師小提醒！

基礎代謝率以及每日消耗量的熱量都是估算，建議以健身房或者運動中心的身體組成分析（inBody），去測量自己的基礎代謝率比較準確。

掌握4祕訣，
減醣時什麼都能吃

> 很多人在減醣時對澱粉、水果類食物避之唯恐不及，甚至拒絕食
> 用，其實只要掌握4個祕訣，減醣時沒有任何食物是不能吃的！

不用「挑三揀四」的飲食法

減醣飲食最棒的地方，就是任何食物都可以吃，不用「挑三揀四」。

一般的均衡飲食是講求任何食物都要攝取到，營養才會均衡。而近幾年
很受歡迎的生酮飲食，是攝取高油脂、適量蛋白質、不碰澱粉類，來達
到快速燃燒脂肪的目的。減醣飲食則是在這兩者之間取得平衡，好處是
能攝取到多元食物，還能夠享有生酮飲食的燃脂優點。

減醣飲食雖好，但碳水化合物的攝取量必須控制在60~100g內，在這
個前提下，提供幾個關鍵的飲食小技巧，讓你減重時也能開心吃！

祕訣1 醣類集中吃

簡單說，就是建議你把一天的總醣類集中在一餐，或者運動後的那一
餐，其他餐減掉澱粉，只吃蔬菜及蛋白質食物。

這樣的好處在於讓胰島素處於穩定狀態。一天之中只會有一餐的胰島素
處於不穩定，會比一整天都處於不穩定的狀態還要好。

此外，減醣飲食本身可以吃的醣類不多，在對的時間點吃可以大加分，
特別是運動後吃醣類可以促進胰島素上升，胰島素是合成荷爾蒙，具有
促進合成的作用，而運動後肌肉處於撕裂狀態，這時補充營養，加上胰
島素的合成作用，可以讓增肌效果事半功倍。

● 醣類集中在這2個時機吃最好

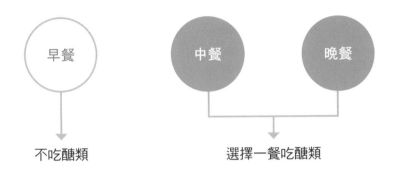

早餐

中餐　晚餐

不吃醣類　　　　　選擇一餐吃醣類

集中在某一餐→有助胰島素處於穩定狀態

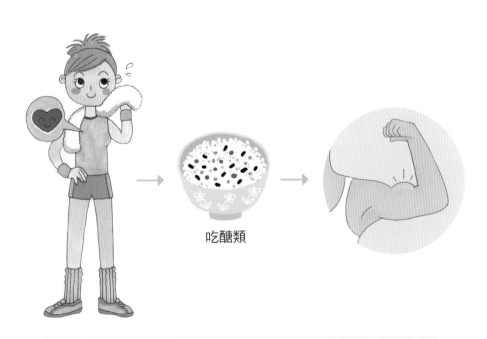

吃醣類

運動後吃→增肌效果好

祕訣2　醣類分開吃

習慣吃三餐的人，不妨把醣類食物分開吃。

首先，算出你一天需要的總醣類，分出需要的餐數。假設王大明一天需要醣類攝取量是90g，習慣只吃早中晚三餐，平均分配下去，每餐的醣類攝取量是30g。

這樣的好處是有些人一餐沒吃到澱粉，很容易在餐與餐之間暴飲暴食，達不到真正的減醣飲食。

祕訣3　醣類選原型，用餐最後吃

精緻澱粉、澱粉和糖類都是碳水化合物。

★ **精緻澱粉**：白米飯、白麵條、白吐司。
★ **粗糙澱粉**：糙米、地瓜、南瓜、全麥麵包。
★ **糖類**：砂糖、果糖。

以上這些都叫做碳水化合物。減醣飲食的宗旨是不碰精緻澱粉，盡量選粗糙澱粉，所以總碳水化合物要盡量選擇原型食物的粗糙澱粉。

因為份數不多的關係，我會建議民眾把澱粉類食物放在最後吃，這樣飽足感也足夠。

精緻澱粉

✕ 白米飯　　✕ 白麵條　　✕ 白吐司

粗糙澱粉

○ 糙米 ○ 地瓜

○ 南瓜 ○ 全麥麵包

糖類

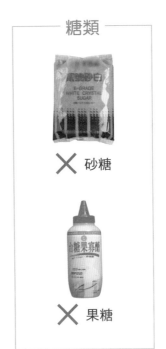

✕ 砂糖

✕ 果糖

祕訣4 **實行減醣，水果也可吃**

水果中的糖類有兩種，一種是葡萄糖，一種是果糖。但水果除了糖類以外，還富含豐富的維生素及礦物質，營養價值非常高。如果為了減少糖類而放棄水果，是很可惜的，只要把水果的糖類也納入一天的總碳水化合物量，盡量選擇糖量低的水果，如桑椹、草莓、蓮霧、李子、藍莓、芭樂、桃子、櫻桃、木瓜，也是可以吃的。

氣炸鍋，
增肌減脂的超級好幫手！

氣炸鍋風潮已延燒數年，到底有多好用，如此深得主婦們的心呢？使用氣炸鍋多年的小魚媽將分享此料理神器神到爆的原因。

有烤箱，還需要氣炸鍋嗎？

在氣炸鍋剛進入台灣市場時，喜歡嘗試新料理器具的我，就跟風入手了第一台氣炸鍋。那時不太會使用，覺得就是一台烤箱，不需要再多花錢買，所以買來沒多久馬上二手賣掉了。過了2～3年，因為小孩年紀比較大，開始可以吃些大人的食物，尤其喜歡吃速食店的薯條、雞塊，為了控制食物的製作和油的用量，我再次入手了氣炸鍋。這次我深入研究了氣炸鍋的用法，才真正了解氣炸鍋帶來的方便和健康。

有很多人會問我：「小魚媽，氣炸鍋真的好用嗎？」「我有烤箱了，還要買氣炸鍋嗎？」我的答案都是肯定的：氣炸鍋真的很好用，除了可以代替烤箱，氣炸鍋的優點卻是烤箱無法做到的。怎麼說呢？

與其說是「炸」，正確來說應是「烤」

氣炸鍋的原理跟旋風烤箱比較相似，與其說是「炸」，更正確的說法應該是「烤」。其發熱源是置於密閉的空間或容器正上方，再透過強力的風扇所產生的強力熱旋風，藉著熱對流的方式由上往下，讓食材被密閉空間（容器）內的熱空氣所包圍，所以受熱的部分會更均勻。

氣炸鍋的4大優點

①不用一滴油，炸出酥脆口感

如果食物本身含油量高，使用氣炸鍋來料理，可以一滴油都不放，其能有效逼出食材本身的油脂，產生如油炸般的酥脆口感，油脂少了近80%，讓愛吃炸物的族群能減少身體負擔（但還是要適量喔）。

②低量的油煙

氣炸鍋是向食物借油借水，如果食材的油脂多，可以不加油，如果是蔬菜類，也只需要少量油脂。用的油脂量少，料理時油煙自然少，能減少廚房油膩感，也不需要花太多時間整理廚房，非常輕鬆、乾乾淨淨。

③料理時間短、省時

氣炸鍋料理所需時間，只要烤箱的1/3，根本是忙碌現代人的料理神器，所以你只需要把食材洗乾淨、切好、全部丟進去，然後追劇（看不到一集，美食就可上桌）。

④輕巧、不占空間

對於居住空間沒那麼大的現代人來說，也是很方便的料理器具，畢竟住套房、兩人房的人，廚房使用空間有限，而氣炸鍋的體積小，重量也比烤箱輕很多。

不占空間跟輕巧是烤箱無可取代的。所以氣炸鍋是料理的超級好幫手，尤其適合料理肉類、又能濾掉多餘油脂，可說是增肌減脂的料理神器。

減醣在我身上產生的驚人變化

> 想要成功減肥，靠的是方法，不是意志力。減醣是一個好的減肥法，不只減掉不健康的飲食習慣，還是最能持續的飲食策略，同時還幫助很多人找到全新的人生。

實例分享 01 Ricky營養師

其實我以前也是個大胖子，由於某次契機，讓我下定決心要減肥，所以開始瘋狂運動、健身，飲食也變得非常清淡和簡單，只吃香蕉、地瓜、豆漿，更謝絕所有的油脂，就這樣持續了好幾個月。

現在看來，這種方式並不是很正確，但當時覺得很有用，因為瘦了10公斤。但這瘦下來的10公斤，很多都是肌肉與脂肪，導致雖然瘦了，但體態沒有很好看。這是因為當時減重的營養觀念沒有很正確，就是瘋狂運動、以及吃很少，所以掉了不少肌肉。

這樣激烈的減肥方式，並無法持久，當生活回到正常，再加上幸福肥，想要再一次減重時，回想起當初痛苦的過程，實在無法再承受一次！於是，我更積極健身，也覺得可以多吃一點，多動多吃，我的減重成果又停滯，永遠沒有成功的一天。

這樣的困境，直到我嘗試了「減醣飲食」，終於突破了自己的減重困境，而且因為方法實在太簡單，只要把澱粉（醣類）的量降低，把蛋白質以及油脂的量相對提升即可。不用考驗自己的意志力，不必一直拚命叫自己不要吃、要節食，因為都可以吃得很飽，讓減重變得輕鬆，所以可以持久。

我現在也把「減醣飲食」推薦給找我減重的學員，他們執行後，每個人

的反應都是：「營養師我真的可以吃這麼多嗎？」或是「我好飽喔，吃不下了。」但結果卻很令人滿意，可以讓體重數字不斷往下降。如果你想要輕鬆又開心減肥，減醣飲食真的很適合去嘗試看看。

Ricky輕鬆減醣增肌減脂

實例分享 02 小魚媽

必須誠實說，我本身不是個胖子，和一般台灣女生體型差不多，從沒想過要減肥或瘦身。某次整理照片時，發現怎麼自從生完小孩後，出遊的照片都像單親家庭，完全沒有我的蹤跡，才驚覺原來生完孩子後的身材開始小走樣，變得豐腴。而照片上的我有種媽媽味，看到後，讓我完全不想也不敢拍照。

剛好這幾年流行生酮飲食，想瘦身的我決定實行看看，但因為我常在外面到處跑，加上自己的個性問題──怕麻煩，要落實生酮飲食對我來有難度，而減醣飲食比起生酮飲食來的容易實行，輕鬆許多，不但能吃的食物種類變多了，料理的方式也可以更自由變換。

實行的第一週，雖然體重下降得不是很明顯，但是我整個人的精神、皮膚狀況改善很多，最重要是吃得很飽，晚上不再因為空腹而睡不著，也不容易復胖，現在整個人的精氣神更好了，很久沒見的朋友看到我，都很驚訝我的改變。

而現在有了氣炸鍋的幫忙，讓我的減醣之路，只有「美好」兩字可形容，只要把減醣的食材洗一洗、切一切，然後全部丟入氣炸鍋，等待料理完成的時間，我可以整理家務，對於職業婦女來說，真的太方便了。

小魚媽減醣前

小魚媽減醣後

實例分享 03 大學教授 張貴傑博士

當我查覺到自己的身體愈來愈大隻，衣服、褲子穿不下，購買新的尺寸也開始大一號甚至兩號，實在是無法忍受自己無限膨脹，加上健康亮紅燈，於是下定決心要瘦身！

為了能健康、有規律地慢慢減重、減體脂，我注意自己吃的每一口食物，不再胡亂吃，開始進行減醣飲食，也養成每天30分鐘的運動，認真執行10個月，體重也掉了10公斤。

在實行的過程中，運動的效能占30%、飲食占70%，所以吃進什麼東西，料理、烹飪手法都非常重要，此階段，氣炸鍋真的帶給我許多方便，想吃油炸口感時，氣炸鍋料理滿足我的口慾，是減醣的得力助手！下頁分享我的減醣祕訣。

張貴傑減醣前

2018年 85公斤

張貴傑減醣後

2019年 74公斤

○外食族如何減醣？

戒掉含糖飲料！

手搖杯、市售利樂包、現榨果汁等，這些飲品都含有「糖」分，不論是人工糖精、天然蔗糖，甚至是天然水果中的果糖，在人體所需的熱量之外，多餘的都會轉成脂肪囤積儲存，也就是肥肉啦！所以趕快戒掉含糖飲料這個異體熱量。

麵包、米飯、麵食少吃

民以食為天，國民飲食習慣以澱粉為主食，在瘦身期間，以大量蔬菜、減少澱粉的攝取，特別是精緻澱粉，像是麵包、米飯、麵食等，嘴饞想吃時，還是可以吃，但吃個幾口就滿足了，久而久之，身體也會習慣這樣的飲食方式。

大量補充水分

有時想吃東西、甜食，其實是身體正在缺水的警訊，每天補充體重乘以30倍cc數水量（例如體重50kg的人，一天要喝50×30＝1500cc的水），可以讓身體狀態維持穩定，下次想吃東西之前，可以先補充一下水分喔。

○減醣後對身體的改變

現代人的生活，「糖」和「醣」幾乎無所不在，為了口味、口感，食品中多少會加入糖和鹽，不知不覺會過量攝取，造成身體負擔，甚至上癮，少量的糖會提升心情愉悅，但過量的話會讓身體產生依賴、成癮，最後變得一定要吃，愈吃負擔愈大。減醣飲食有助減少身體負擔，讓精神變好外，也會減少發炎，讓思慮清楚、情緒也相對穩定許多。

—專欄—

氣炸鍋超簡易挑選&
使用指南

氣炸鍋的使用非常簡便，只要把食材切一切放入鍋中，
動動手指、設定溫度，零廚藝者也能輕鬆上手，
但挑選及使用上有哪些原則可以參考呢，聽聽小魚媽怎麼說！

氣炸鍋挑選3原則

原則 ① 依功能性做選擇

市面上的氣炸鍋有分為「旋鈕式」及「觸控
式液晶螢幕」，我比較推薦觸控式液晶螢
幕的氣炸鍋，原因是溫度選擇比較正確和穩
定，方便使用。但也有人覺得觸碰面板容易
壞，使用旋扭式可降低故障機率，這點真的
就見仁見智，依自已的需求做選擇吧。

觸控式液晶螢幕氣炸鍋

原則 ② 挑選大容量款式

現在氣炸鍋容量有很多種，有的強調超大容
量、能夠炸整隻雞，有的強調不占空間，容
量大小適合一家三口的小家庭使用。但我建
議挑選容量較大的款式，原因是大鍋可以小
用，小鍋沒辦法大用，而且在某些特定節日
想要來場手扒雞派對時，大容量的鍋就能滿
足你的願望。

旋鈕式氣炸鍋

原則 3 電壓

近年來網路電商蓬勃發展，許多人會從不同國家購買非台灣電壓適用的電器，覺得從國外帶比較便宜，然後再請廠商或者自行改成台灣適用的110V。

我不太建議這樣做，原因是氣炸鍋所使用的溫度偏高，約莫在170～200度C之間，電壓不足的話，效力會減半，電壓過高又會燒毀機器；另外，也要看插頭形狀是否與台灣相同。

最省時方便的方式是直接在台灣購買，就不用擔心上述問題，且需要維修或產品有問題時，隨時能處理，使用起來更安心、有保障。

氣炸鍋使用注意事項

①不用特別開鍋

網路上很多人會教大家要開鍋，但買氣炸鍋不就是怕麻煩嗎？所以選擇這樣方便好用的器具，建議用洗碗精清洗乾淨，就可以使用了。

②善用鋁箔紙

油脂較多的食材，如雞腿排，或是烤全雞時，建議可以在食材的上方蓋上鋁箔紙，簡單的小動作可避免油脂噴到機器上方的發熱源，除了不易清洗外，也能避免太大的食材（整隻雞）過於靠近熱源而烤焦。

③須清理底部的油脂

一道料理完成後，記得要清理底部的油，避免炸鍋內的油脂存放過久造成變質，然後又繼續油炸，吃進有害身體的毒素。

④使用耐高溫的油

油脂多的食材可不再加油，但有些食材還是要加點油，像是蔬菜，這時，請選擇耐高溫的油，例如：花生油、胡麻油、葡萄籽油、耐高溫的橄欖油、椰子油或動物性油脂等。

⑤適度使用氣炸鍋

氣炸鍋有其優點及方便性，對於想瘦身且偏好炸物的人來說非常好用，但千萬別認為油量少了、罪惡感降低，就每天或照三餐使用，均衡飲食、搭配其他清淡健康的料理方式，身體才會真健康。

PART2

減醣快瘦計畫，
這樣做就對了！

兩階段減醣快瘦計畫

> 減醣是近幾年很流行的健康瘦身飲食法之一，每個人身體對於減醣的適應度也不同，該如何開始執行？Ricky營養師建議分成兩階段來做，不僅減重效果好，還能幫你持續地瘦下去。

第一階段

有感瘦身期：醣類降到60～100g

衛生福利部的每日飲食指南中，建議碳水化合物的攝取比例為50～60%，而且亞洲人本來就喜歡以米飯、麵包、麵食等當成每餐的主食，所以養成了人們愛吃澱粉的習慣。再加上無法自己精算出一天澱粉的總攝取量（可能連粗估都無法），所以吃超過50～60%比例的人也非常多。

我們長期以澱粉類食物做為主要飲食攝取來源，讓身體長久以來都使用葡萄糖當作主要能源，脂肪為備用能源，只有等醣類被完全消耗殆盡之後，身體才會開始使用脂肪做為能量來源（才會消耗到脂肪），所以身體脂肪通常很難被使用消耗掉（當然，脂肪並非永遠不動如山，而是消耗到的比例非常少）。

所以「減醣飲食」為何對於瘦身這麼有效，就是因為減少了碳水化合物的攝取，當吃進身體的醣類減少了，身體在使用完葡萄糖之後，會轉成使用脂肪，持續一段時間後，你會看到自己身上肥肉漸漸消失，瘦身超有感！

第一階段，適合想快速瘦身的人，我將每日的醣類總攝取量控制在60～100g（大約佔總熱量的20%），因為吃的醣類比例比原本（50～60%）低很多，可以更快速有效地使用脂肪做為能量使用，所以我把此階段稱為「有感瘦身期」！此外，因男女生體態差異大，故男生一天

總醣類建議控制在80~90g，女生則控制在60~70g，且建議第一階段最少要維持3個月。

● 醣類份量表，輕鬆好估算

有些人不清楚食物中含醣類的份量，這裡提供好代換的常吃醣類份量表供參考：

全穀雜糧類	
食物	1份的份量(15g醣類)
白飯	1/4碗（直徑11cm的碗）
粥	1/2碗（直徑11cm的碗）
麥片	3湯匙（20g）
小條地瓜	1/2條（60g）
麵粉	3湯匙（20g）
一般薄吐司	1/2片（30g）
中顆馬鈴薯	1/2個（90g）

水果類	
食物	1份的份量(15g醣類)
柳丁	1顆（170g）
蘋果	1顆（140g）
土芭樂	1個（155g）
大條香蕉	1/2根（95g）
小條香蕉	1根（95g）

註：減醣飲食的水果份量，建議女生1天1份，男生是1天2份，可以少、不能多，但不能不吃。

第二階段
不復胖維持期：醣類拉高一點到100～150g

第一階段「有感瘦身期」把每日的總醣類攝取控制在60~100g，這樣做可以更快降低體脂肪，但以澱粉為主的飲食習慣，一下子要降低很多，很多人會覺得有壓力。所以，我會建議第一階段維持3個月後，轉為較為平緩的第二階段，即「不復胖維持期」，可以把醣類拉高一點到100～150克，男生建議總醣類為120~135g，女生為90~105g。

當然，如果第一階段你適應良好，不會覺得有壓力且身體不會不舒服，就可以持續下去，達到理想體態後再轉換成第二階段。

這邊也要特別提醒大家，減醣階段的醣類攝取量較少，所以所剩不多的碳水化合物建議最好吃原型食物，例如：以糙米取代白米、全麥吐司取代白吐司，或是以地瓜、馬鈴薯、芋頭、南瓜取代麵條，這樣才是正確的減醣飲食。

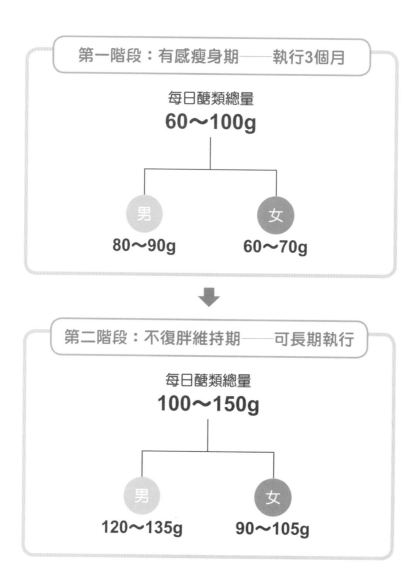

第一階段：有感瘦身期——執行3個月

每日醣類總量
60～100g

男
80～90g

女
60～70g

第二階段：不復胖維持期——可長期執行

每日醣類總量
100～150g

男
120～135g

女
90～105g

執行減醣飲食前的
3大重要心法

> 羅馬不是一天造成的，一口也吃不成胖子，在進行減醣飲食前，
> 營養師Ricky有些話想對你說，為接下來的減醣階段做準備。

 心法 1 控制每日碳水化合物量

我幫助過很多人減脂瘦身，加上我自己也曾經胖過，雖然減醣飲食對於瘦身很有效，但也不是什麼都不改變就可以減肥成功！你現在身上的肥肉，肯定不是一餐或是一天大吃就突然大發胖，一定是長期不良的飲食習慣導致。但開始減肥，卻希望一蹴可幾，立馬看見成效，當效果不如預期就失去耐心，或以訛傳訛，選擇錯誤或不適合自己的方法。所以一定要調整心態，瘦身才會有效且能長期保持，不會反覆復胖！

心法 2 正確方法很重要

網路上流傳的減肥方法非常多，常聽到有人因為照著此法去做，成功減肥，自己就跟著做，抱持著「怎麼做不要緊，重要的是要有用」的觀念，但這往往是倖存者偏差，意思是指「這個方法10人有2人成功，剛好這2個人都是你認識的朋友，所以在你心中會認為這就是唯一的方法，其他8個失敗的人，因為他們失敗了，也不會宣傳這個方法，自然沒有人知道他們失敗。」

且很多減肥方法都是偏方，甚至會傷身，但幸運的你現在有這本書，只要跟著書中的食譜來吃，就不用太擔心。

心法 3　耐心是關鍵

再來是耐心，很多人採取的減肥方法是對的，但把時間刻度設定的太快了，覺得要趕快看到成效，如果沒有，就代表沒效。羅馬不是一天造成的，你不能指望一個減肥方法可以在短期內一試見效，很多人都認為今天試、明天應該就會瘦。

真正有效且健康的方法，是以「週」為單位，或是因長期採取不正確的飲食習慣，需要給身體一段時間來整理，一個月後開始有改變也都是很正常的事。想要每天都瘦0.5kg是不切實際的方法，只有心態面正確、方法用對了，體態自然會變好。

減醣食材輕鬆備

減醣時，要隨時留意食材醣類含量，有網站與App可輕鬆查。另外，市售調味料含醣量不少，可自製減醣萬用調味品，讓小魚媽分享她的減醣料理心法！

食品營養成分輕鬆查

當開始進行減醣生活，最好的方式當然是自己料理，能選擇自己喜歡的、含醣量少的食材，但對於忙碌的現代人而言，要餐餐自己做，著實有點困難。但沒關係，我們可以開始學習怎麼看食材的營養成分表，盡量選擇製程與成分愈簡單的愈好！

在我減醣料理與外食的過程中，衛福部網站的「食品營養成分資料庫」是我的減醣好幫手，我隨時都會查閱，查久了其實對各類食材或食品的各種營養成分都會有個基礎概念，也會知道怎麼選擇吃下肚的食物，對自己的健康與身材最好！

而在選擇食物時，除了含醣量要注意之外，另外只要把握兩個原則：

1. 盡量選擇原型食物。
2. 成分表愈單純愈好（不要有太多看不懂的化學名詞）。

如此，減醣生活帶來的美好體態，就能健健康康、長久地執行下去。

○食品營養成分資料庫

上網搜尋「食品營養成分資料庫」即可查到。
網址：https://consumer.fda.gov.tw/Food/TFND.aspx?nodeID=178

「食品營養成分資料庫」
網站

也有熱心醫師將此網站設計成App，更方便手機隨身查詢使用。在手機的App Store或Google Play中輸入「營養成分」，即可查到。

料理或烘焙少了醣類，仍有許多取代品

很多人以為減醣之後，許多含醣食材食品都不能碰，尤其是烘焙類，主原料就是麵粉、糖，更是減醣大忌！但別擔心，有許多可取代產品能使用喔！

原食材	減醣可取代產品
麵粉	烘焙用生杏仁粉、椰子粉、亞麻籽粉
砂糖	赤藻糖醇、椰棕糖、海藻糖、甜菊糖
增稠劑（如勾芡用太白粉等）	洋車前子粉、黃原膠、蒟蒻粉、葛根粉
膨鬆劑	天然酵母、無鋁泡打粉、打發的蛋白
油脂	紫蘇籽油、奇異籽油、椰子油、酪梨油、菜籽油、橄欖油
調味品	無糖番茄醬、70%黑巧克力、可可粉、肉桂粉、鵝油蔥

市售調味品

進入減醣飲食，所使用的醬料或調味品都不能馬虎，建議以無加糖、減醣的為主。但過於戰戰兢兢不是我的風格（減肥也是希望能夠輕鬆開心地減），建議掌握以下大原則來挑選即可。

○選擇未經研磨過的調味料

盡量要用時再研磨，市面上有些老牌子調味料品牌有出研磨罐的調味料，這是我的優先選擇。

減醣飲食我很常用到黑胡椒，可用於醃製雞胸肉，牛肉，魚肉等去腥味，是百搭調味料。建議買整粒的，需要時再用研磨器磨碎，這樣可保留黑胡椒的香氣。

除了黑胡椒，我也很常用到梅子鹽及玫瑰鹽，其粉色色澤含多種礦物質和微量元素，如鈣、鎂、鉀、銅和鐵，適合各種烹調。此外，鹽的種類蠻多，如夏威夷紅土鹽、黑鹽、法國鹽之花、沖繩雪鹽、喜馬拉雅岩鹽、安地斯岩鹽、韓國竹鹽和日本藻鹽等，能提供減醣料理多樣選擇。營養師Ricky也提醒，除了以上的鹽之外，一般的加碘鹽也很好，因為台灣人容易缺乏碘。現在市售鹽罐也自帶研磨器，用量容易掌控。

○善用辛香料

香草粉、百里香、羅勒等是烹調時很常用到的辛香料，牛肉、海鮮、雞胸肉、魚肉、蔬菜等料理，適度加點香料提味，香氣撲鼻，減醣餐更加美味。

自製減醣醬料

減重瘦身過程，大多數人會過於專注在食材挑選，而忽略調味料的熱量。既然都下定決心要減肥了，真的建議大家可在家自己調製低醣調味料，避免市售加工食品中含大量糖分，導致熱量超標、減重破功。以下我就製作幾款百搭醬料，大家可做一些存放在冰箱，料理調味時可用。

5→15分鐘

190→180度

鋁箔紙

Sauce

01

減醣番茄醬

適合料理：拌麵、拌飯、羅宋湯、紅燒類等。

材料

- ☐ 牛番茄 200g
- ☐ 紫蘇籽油 50g
- ☐ 蒜頭 20g
- ☐ 鹽 5g
- ☐ 鋁箔紙 1張

作法

1　牛番茄洗淨，去除蒂頭後切成小丁狀；蒜頭洗淨去薄膜、拍碎。

2　紫蘇籽油倒入氣炸鍋內，放入大蒜，190度炸5分鐘。

3　爆香後加入番茄丁、蓋上鋁箔紙，180度炸15分鐘，最後加鹽拌勻即完成。

蒜泥味噌醬

適合料理：拌肉類等。

材料

☐ 味噌 20g
☐ 白芝麻 20g
☐ 昆布醬油 10g
☐ 蒜頭 10g

作法

1　蒜頭洗淨去薄膜、磨成泥。

2　將所有食材混合拌勻即可。

Sauce
03

梅子油醋醬

適合料理：拌麵、拌沙拉、水餃、肉類等。

材料

- ☐ 橄欖油 100g
- ☐ 梅子醋 80g
- ☐ 鹽 5g
- ☐ 香菜 10g
- ☐ 檸檬 5g

作法

1 將香菜切成末、檸檬擠成汁。

2 所有食材混合拌勻即可。

氣炸鍋11大配件神器

身為想要減重的實行者，氣炸鍋成為你減醣飲食的料理好幫手，各家廠商都出了多款料理配件，讓你的氣炸鍋料理變化無窮。

01

烘烤淺盤

方便做一鍋多道料理，或者拿來爆香食材，也可以拿來做披薩。

02

烘烤深盤

一般氣炸鍋所採用的內鍋都是有孔洞的，方便讓食材本身的油脂可經由孔洞流出，達到減油效果，但有時食材本身是流質或體積過小，就需要用烘烤盤來防止食材掉落，也可烘烤蛋糕、甜點。其碳鋼不沾材質能讓食材更不容易沾黏。

03

油刷

適用於本身油脂含量較低的食材，像是蔬菜，以及刷在氣炸鍋內鍋的底部，防止沾黏用，缺點是油量較難控制，可能不小心會用太多油。

04

噴油罐

油脂可防止食物沾黏，或有些食材本身油脂較低，需要在外部抹些油來增加口感或減少顏色流失，讓料理看起來更美味可口。噴油罐是使用氣壓噴霧原理，噴出霧狀，讓使用者能更輕鬆掌握油的用量。

05

矽膠清潔刷

氣炸鍋大多是不沾的材質，無法使用菜瓜布去用力刷洗，加上氣炸鍋的主鍋都是有孔洞的，不方便清潔。這種氣炸鍋專用清潔刷，可以讓使用者更輕鬆地清潔孔徑內的食物殘渣。

06

耐熱保鮮盒

家裡若有不鏽鋼保鮮盒、能耐熱200度的玻璃保鮮盒、或不鏽鋼電鍋內鍋等,都可放進氣炸鍋使用。

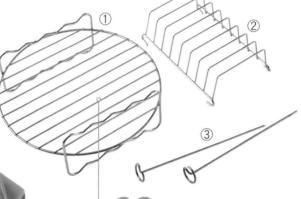

08

烘烤架

千萬不要小看這個烘烤架,只要多增加一層,氣炸時空間就會多出一倍,等於花一樣的時間,可以做出更多料理。如果想吃烤肉串之類的料理,肉串叉就是超級好幫手,如果你想烤肉,又不想花時間洗氣炸網,絕不能錯過此配件。

① 烘烤牛排或較厚的肉類時使用,且上層波浪架是肉串叉專用。
② 吐司架
③ 肉串叉

07

矽膠防燙手套

曾經料理過的你,應該都有被熱騰騰的器具不小心燙到經驗吧,氣炸鍋的溫度較高,拿取烘烤鍋時真的很需要防燙手套,而現在的防燙手套是矽膠材質,外型、顏色可愛之外,也很方便使用。

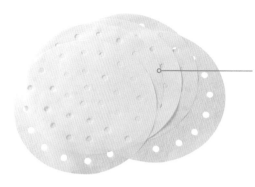

09

不沾烘焙紙

烘焙紙對於有在料理的人來說應該不陌生，其可減少食物沾黏，清洗鍋子時會更輕鬆。

11

食物真空、封口包裝機

這是我個人覺得非常好用的配件，雖不是氣炸鍋專屬配件，但買回去，只要你有在煮飯，或做常備菜的人都一定會用到的真空包裝機。

其主要作用是除氧，能防止食物變質，增加食材保鮮的期限，忙碌的上班族或家庭主婦可善用此機器，在假日將一週的份量分裝好，食用前再加熱即可。

10

煎魚專用盤

煎魚專用盤可以讓氣炸出來的魚皮不易破損，或沾粉的食材不易沾黏。

外食避免不了，
如何輕鬆減醣呢？

氣炸鍋是減醣超級好幫手，但如果你無法餐餐自己準備，只有晚餐能自己動手，減醣外食該怎麼選擇呢？讓營養師Ricky告訴你最輕鬆與正確的方式！

從Part 1中，我們已經了解什麼是糖、什麼是醣，在準備料理上要斷糖和減醣就不會太困難，每天都可以自己控制總醣量，但忙碌的現代人外食的機率很高，外面的食物很多都是澱粉，難以選擇。建議大家可以藉由書中的氣炸鍋料理，搭配外食一起食用，既省時又方便。

若是真的無法自己準備減醣餐，其實外食的選擇上並沒有大家想像得那麼困難，提供幾個外食減醣技巧給大家參考：

營養師的外食減醣技巧

○選擇自助餐或便利商店

自助餐是我很推薦的外食減醣選擇，在這裡，你可以挑選非常多的蔬菜和蛋白質。澱粉的話可以將白飯減半或乾脆不要（依照你可以攝取的碳水化合物來決定可以吃的量，或者用原型澱粉食物來取代也很好，如南瓜、芋頭等）；自助餐可能還會有五穀飯或紫米飯的選擇，比白飯更好。而隨著減醣的人愈來愈多，許多便當店也

會提供沒有白飯的選擇，將白飯的位置用1～2樣青菜取代，小吃店也是與時俱進的。

而減掉的澱粉就以蛋白質來補充，可以攝取植物性蛋白質，例如：豆腐、豆漿、豆乾、毛豆、黑豆等。也可以攝取動物性蛋白質如：雞蛋、雞肉、豬肉、牛肉、魚肉等。

○看懂食品的營養標示

大家可能沒想過，便利商店是一個減醣的大好幫手，因為有完整的「營養標示」，讓你的減醣與營養攝取有比較具體的數字，便於掌控。可較精確地記錄自己一天的總碳水化合物以及總熱量。

在總熱量的限制下，碳水化合物也控制，而蛋白質跟油脂的搭配就是看個人喜好而定了。但身為營養師的我，建議蛋白質最好攝取到1.5g/kg（例如50公斤的人最好攝取到75克的蛋白質），此時飽足感最足夠，以及可以修補肌肉流失（注意：肝臟、腎臟功能異常不適用此原則）。

相信大家只要學會看營養標示就沒有太大的問題，以及避開澱粉類食物、選擇蛋白質及油脂的食物，這樣子外食也可以輕鬆減醣成功。

此外，你要怎麼好好利用「營養標示」來進行減醣大計呢？包裝食品都會有「營養標示」清楚標示此樣食品的營養成分與熱量，當中有個欄位是碳水化合物，前面的章節已經有教大家辨識糖與醣的不同，而所有的糖跟醣加上膳食纖維，總量就是碳水化合物的量，稱為「總碳水化合物」（可簡稱「總碳水」或「總醣分」）。而把總醣分扣掉膳食纖維後，才是我們真正吃進去的醣類，稱為「淨碳水化合物」（可簡稱「淨碳水」或「淨醣分」）。

後續書中的食譜，我都會幫大家清楚算出總醣分與淨醣分，方便控制醣量）。所以呢，算式如下：

總醣分＝醣＋糖＋膳食纖維
淨醣分＝總醣分－膳食纖維

下面用實際例子讓大家了解怎麼看食品的「營養標示」，我以自己很常喝的「無糖豆漿」來做範例：

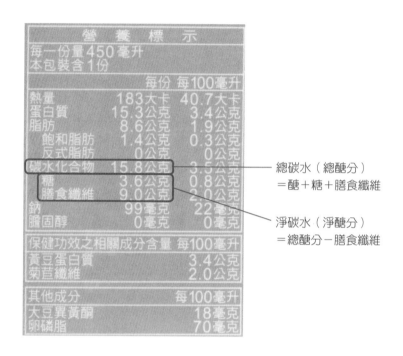

這款無糖豆漿每份碳水化合物有15.8克，膳食纖維有9克，糖有3.6克，可以算出它的醣為15.8－9－3.6＝3.2克，但之前講過醣類是「糖＋醣」，所以我們真正喝進肚子裡的總醣分量為：3.2＋3.6＝6.8克，就可以算出喝完這瓶豆漿後，我所攝取的碳水化合物總量為6.8克。

上面是我帶大家算過一遍，怎麼從標示上算出「醣」與「糖」總和的淨糖分。了解後，用碳水化合物的數值直接減去膳食纖維的數值，即可算出喝完這瓶後所攝取到的碳水化合物總量（淨醣分）。所以可直接算出：**15.8－9＝6.8克**

營養標示的玄機，減醣要注意！

我想一般消費者都不會太認真看營養標示，導致常覺得減重成效不彰，心想：「我吃東西明明都有看熱量標示啊！怎麼還是胖！」

仔細看營養標示的欄位，會有「每份」或者「每100克（或毫升）」，有的兩個欄位的數字一樣，有的不同。但人有種奇怪的心理機制，在吃垃圾食物的時候，會選擇看熱量比較少的那一欄，來自我安慰熱量不高沒關係，於是不小心吃進了太多熱量，這就是減重失敗的大原因！

舉個例子，下面這份餅乾的營養標示，每份重量有14.8克、熱量有71卡，碳水化合物有9.8克，很多人隨便一看，覺得這份餅乾還好耶，全部吃完才9.8－0.5＝9.3克的淨碳水，於是就放開了吃！但這邊的每份是14.8克，不是我們認為的一包大小，仔細看，這個餅乾的包裝就有17份，所以如果整包餅乾吃完，你吃進去的醣量是9.3×17＝158.1克，而熱量有1207卡！高醣高熱量，你要怎麼瘦下來！

市面上幾乎每樣有營養標示的食物，都會標示每100克的熱量與營養成分，主要是讓方便民眾快速了解，但這不代表是你吃進去的份量，所以標示我們要仔細看、仔細算，千萬不要自欺欺人，減醣能確實，減重就會很輕鬆喔！

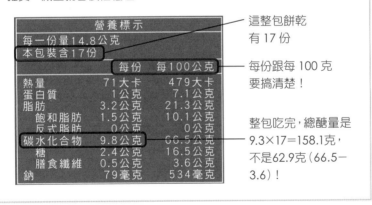

營養師的一日三餐減醣外食怎麼吃？

上面篇章提過外食族也能輕鬆減醣的技巧，在此處，我用自己的一日減醣餐來做為範例，如此讀者們應該會更清楚怎麼實行。

以我為例，我一天可以吃80克醣類，我會把醣類放在中餐或晚餐，或這兩餐各吃一些。一般來說，早餐我不會特別攝取醣類，很大的原因是，通常早餐會是自己吃，不太需要社交，比較能自己控制內容。但若跟別人一起用餐，完全不吃澱粉，易造成彼此的壓力（別人要配合你選餐廳或餐點），所以我早餐盡量不吃醣類食物，讓減醣更容易進行。

早餐的話，我會喝一杯無糖豆漿，加上兩個茶葉蛋；或是可吃生菜沙拉搭配希臘式優格與酪梨。

午餐時間，通常是吃便當，一個便當白飯大概會有60～75克的醣，我會控制在40克內，就是白飯只吃一半。減去的醣類，我會再去買茶葉蛋或豆漿來補足熱量缺口，也能增加飽足感。

晚餐的話，我會選擇去火鍋店吃，吃的時候會避開加工食品（如餃類）以及麵類，就可以大幅減少吃進醣類。另外，鐵板燒也是個好選擇，白飯只吃半碗，可以把醣類控制在40克以內（一般11公分直徑的碗，一碗的飯量大概是60克的醣類）。

這樣的外食一整天，只要秉持簡單原則，就可輕鬆控制醣類攝取量。

●營養師Ricky的一日減醣餐示範　　　　（一日總醣量目標：80克）

一日餐別	飲食內容	減醣小技巧	攝取醣量
早餐	無糖豆漿+2顆茶葉蛋	避開所有醣類	0克
午餐	便當	①飯量減半 ②不選擇炸類食物 ③再多加豆漿或茶葉蛋	40克以內
晚餐	好選擇1—火鍋	①避開加工食品（如餃類等） ②不吃麵類 ③若吃了原型澱粉，如南瓜、芋頭等，飯量請再減少	40克
	好選擇2—鐵板燒	只吃半碗飯	40克

一日總醣量：80克內 💡

外食如何減醣？有App幫你忙！

除了前面小魚媽建議過的「食品營養成分資料庫」可以方便查到食物的醣含量（與各種營養素）之外。我也想推薦一款，只要是健身或減脂族群都很方便使用的App——「MyfitnessPal」，這是一款可以安排減脂計畫及記錄飲食營養素的App，只需要動手輸入所吃的食物，裡面就會有很多人使用過的紀錄，可以直接顯示出你所吃食物的營養素，可以進而記錄自己所吃的碳水化合物有多少，而且幾乎每種食物都查得到，有些甚至掃描條碼就會跑出營養素會更準確！想要實行減醣的你，搭配著使用，減醣效果會更好！

請在手機的App Store或Google Play中輸入「MyfitnessPal」，即可搜尋到。

 MyFitnessPal
卡路里計算機和膳食追…
★★★★★ 5,780　打開

PART3

肉類、海鮮好好吃！
18道減醣料理

酪梨香檸蝦

總熱量	淨醣分	總醣分
400kcal	15.6g	22.3g

膳食纖維	蛋白質	脂肪
6.7g	43.3g	9.9g

10分鐘　180度　耐熱容器

材料（2人份）

- ☐ 帶殼蝦 45g
- ☐ 鯛魚 150g
- ☐ 蘑菇 36g
- ☐ 蒜頭 10g
- ☐ 香菜 10g
- ☐ 酪梨 100g
- ☐ 橄欖油 5cc
- ☐ 黑胡椒粒 2g
- ☐ 新鮮檸檬 3cc
- ☐ 蘋果醋 5cc
- ☐ 鹽 5g

作法

1　蝦用水沖洗、去殼（保留尾巴殼），蝦背畫一刀，去除腸泥 🅐。

2　鯛魚片洗淨，用廚房紙巾吸乾水分後切片 🅑。

3　蘑菇洗淨切片，酪梨洗淨、剖半去皮切小塊，蒜頭洗淨拍碎，香菜洗淨切末，檸檬擠成檸檬汁。

4　黑胡椒、鹽、蒜頭與處理好的蝦、鯛魚片、蘑菇拌勻，噴上少許橄欖油 🅒。

5　把步驟④的食材放入氣炸鍋內，180度炸10分鐘。

6　完成後取出，放在大碗內，加入檸檬汁、蘋果醋及香菜末攪拌一下，最後與酪梨拌勻盛盤，就完成了。

Point

盡量買帶殼蝦，避免剝殼的蝦仁為延長保存或增加口感脆度而浸泡化學藥劑。若真的買不到帶殼蝦，使用蝦仁時建議在流動的水中多沖洗幾次；冷凍蝦的口感可能沒那麼好，盡量選購新鮮無冷凍過的蝦。

你也可以這樣做！

不敢吃酪梨的朋友，可改用燙熟的杏鮑菇代替；鯛魚片可用多利魚或鮭魚代替；喜歡吃辣的人，可加少許新鮮辣椒提味；將酪梨換成清爽的蔬菜也能減少熱量。

奶油甜椒雞里肌

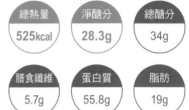

總熱量	淨醣分	總醣分
525kcal	28.3g	34g

膳食纖維	蛋白質	脂肪
5.7g	55.8g	19g

6→8分鐘　　200度　　耐熱容器

材料（2人份）

☐ 雞里肌肉 200g
☐ 甜椒 150g
☐ 蒜苗 30g
☐ 蒜頭 5g
☐ 發酵奶油 20g
☐ 醬油 20cc
☐ 黑胡椒鹽 5g

A

作法

1　雞里肌肉洗淨、廚房紙巾擦乾後切成1公分條狀；甜椒洗淨、切長條；蒜苗洗淨切段；奶油待軟化；蒜頭洗淨拍碎。

2　取一個耐熱容器，將雞里肌肉與甜椒、奶油、蒜頭拌勻，放入氣炸鍋內以200度炸6分鐘A。

3　將炸好的里肌肉淋上醬油及蒜苗攪拌，以180度炸8分鐘，完成後撒上黑胡椒鹽即可。

Point

奶油不要買植物性的，一定要買動物性的，因為植物性奶油是經過氫化製成的，且含有反式脂肪及飽和脂肪高，易增加身體負擔。

你也可以這樣做！

買不到發酵奶油的話，可用無鹽奶油代替；蒜苗可替換成青蔥。

奶油蒜香蔬菜牡蠣

總熱量	淨醣分	總醣分
541kcal	49.5g	52g

膳食纖維	蛋白質	脂肪
2.5g	27.7g	23.6g

 5→5分鐘　 180度　 耐熱容器

材料（2人份）

- ☐ 牡蠣 100g
- ☐ 小黃瓜 50g
- ☐ 紅蘿蔔 50g
- ☐ 玉米粒 50g
- ☐ 中筋麵粉 10g
- ☐ 蒜頭 10g
- ☐ 發酵奶油 15g
- ☐ 橄欖油 3cc

醬汁

- ☐ 醬油 15cc
- ☐ 新鮮檸檬汁 10cc

作法

1. 牡蠣用清水洗淨、用廚房紙巾擦乾，撒上薄薄的麵粉Ⓐ。

2. 紅蘿蔔洗淨去皮、切丁；小黃瓜和蒜頭洗淨切丁。

3. 醬油與檸檬汁拌勻成醬汁。

4. 取一耐熱容器，將奶油放在最底下，接著擺入蒜頭、牡蠣、小黃瓜丁、紅蘿蔔丁、玉米粒，然後噴上一層橄欖油，180度炸10分鐘。

5. 5分鐘時取出搖晃、攪拌，讓食物受熱均勻再續炸5分鐘，炸完後淋上醬汁即可Ⓑ。

Point

讓牡蠣沾取麵粉，目的是使口感酥脆。

你也可以這樣做！

小黃瓜可用四季豆代替；紅蘿蔔可用甜椒代替；牡蠣可用骰子牛代替，氣炸時間須加長至13分鐘。

蘋果檸檬烤鯛魚

總熱量	淨醣分	總醣分
354kcal	23.2g	26.1g

膳食纖維	蛋白質	脂肪
2.9g	47.2g	9.1g

6→6分鐘　　180度

材料（2人份）

- ☐ 鯛魚 250g
- ☐ 洋蔥 100g
- ☐ 蘋果 50g
- ☐ 檸檬 40g
- ☐ 香草鹽 5g
- ☐ 黑胡椒 2g

作法

1. 鯛魚洗淨，用廚房紙巾吸乾水分，撒上香草鹽醃5分鐘後，切小塊 。

2. 洋蔥洗淨切絲、泡水，蘋果去皮洗淨切片，檸檬洗淨切片，並留1小塊擠檸檬汁用 Ⓑ。

3. 以三明治方式將鯛魚包在檸檬與蘋果中間（檸檬→鯛魚→蘋果）Ⓒ。

4. 放入氣炸鍋炸籃，以180度炸12分鐘（6分鐘時將食材翻面後再加入洋蔥絲，繼續炸）。

5. 完成後取出，拿出剩下的檸檬，擠上檸檬汁、撒上黑胡椒就完成了。

Point

- · 檸檬可去除鯛魚的腥味。
- · 選用粗粒現磨的黑胡椒，能保留完整的黑胡椒香味。

你也可以這樣做！

鯛魚可用白帶魚、多利魚代替；如果比較怕酸，可用黃檸檬代替；如果家中沒有香草鹽，可用玫瑰鹽或一般鹽代替。

洋蔥椒鹽蝦

總熱量	淨醣分	總醣分
238kcal	13.6g	17.1g

膳食纖維	蛋白質	脂肪
3.5g	26g	6.7g

13→2分鐘　　180→160度　　烘焙紙

材料（2人份）

☐ 帶殼蝦 90g　　　☐ 胡椒鹽 10g
☐ 四季豆 100g　　　☐ 辣椒 5g
☐ 蔥 30g　　　　　☐ 橄欖油 5cc
☐ 洋蔥 50g　　　　☐ 烘焙紙 1張
☐ 蒜頭 20g

Ⓐ

作法

1　蝦子洗淨，剪去蝦頭的尖刺、觸鬚及腳Ⓐ。

2　四季豆洗淨切丁，洋蔥洗淨去膜、切小塊狀。

3　蒜頭洗淨拍碎，蔥、辣椒洗淨切末。

4　氣炸鍋底部鋪上烘焙紙，接著放入蝦子、四季豆、蒜頭，噴上一點橄欖油、撒上胡椒鹽攪拌後，180度炸13分鐘。

5　完成後，加入蔥末及辣椒末攪拌，160度炸2分鐘就完成了！

Point

· 四季豆最好去除兩邊的絲，口感會比較好。

· 洋蔥選用國產白色洋蔥，進口洋蔥要長時間烹煮才易熟透。

你也可以這樣做！

如家中有青椒可以使用，顏色會更漂亮；不太能吃辣的人，可改買大辣椒或青龍辣椒，其辣度較低。

營養師小提醒！
蒜頭及洋蔥是蔬菜的一種，但醣類含
量很高，雖然被當成辛香料使用，但
減醣時還是要注意醣分總量。

起司牛肉櫛瓜船

總熱量	淨醣分	總醣分
695kcal	14.1g	19.2g

膳食纖維	蛋白質	脂肪
5.1g	23.4g	53.6g

15分鐘　　　180度

營養師小提醒！

起司屬於全脂乳製品，所以熱量也是很高的，建議即使把它當成調味料使用，也要注意其營養成分。

材料（2人份）

- ☐ 櫛瓜 120g
- ☐ 牛絞肉 150g
- ☐ 蘑菇 50g
- ☐ 韓式泡菜 50g
- ☐ 青椒 60g
- ☐ 蒜頭 20g
- ☐ 醬油 10cc
- ☐ 披薩調理專用起司 15g
- ☐ 杏仁薄片 10g

Ⓐ

作法

1　櫛瓜洗淨對剖，挖出裡面的果肉備用，櫛瓜可當作容器Ⓐ。

2　取大碗，放入牛絞肉，再加入醬油醃30分鐘Ⓑ。

3　蘑菇、青椒、蒜頭洗淨，然後與泡菜、櫛瓜果肉一起切碎。

4　把醃好的牛絞肉與步驟③材料拌勻，填入櫛瓜容器內，撒上起司及杏仁片Ⓒ。

5　放入氣炸鍋內，180度炸15分鐘就完成了！

Ⓑ

Ⓒ

Point
- ・泡菜不一定要自己做，可買市售泡菜使用。
- ・青椒微微的嗆味比彩椒更適合牛絞肉。

你也可以這樣做！

牛絞肉可用雞胸肉切碎來代替。

減醣蝦捲

總熱量	淨醣分	總醣分
168kcal	2.7g	2.7g

膳食纖維	蛋白質	脂肪
10.8g	17.5g	9.8g

 8→7分鐘　 180度　 烘焙紙

材料（2人份）

- ☐ 千張 20g
- ☐ 蝦仁 50g
- ☐ 洋蔥 20g
- ☐ 芹菜 10g
- ☐ 洋車前子粉 15g
- ☐ 鹽 5g
- ☐ 水 5cc
- ☐ 橄欖油 5cc
- ☐ 黑胡椒粉 3g

Ⓐ

作法

1 將蝦仁洗淨，用廚房紙巾擦乾水分後，剁碎備用。

2 洋蔥、芹菜洗淨後切末。

3 取一個碗將步驟①和②的食材，與洋車前子粉、水、鹽一起攪拌均勻至無乾粉Ⓐ。

4 千張洗淨後攤平，取步驟③的食材放在千張上，再像捲壽司一樣捲起，將開口向下。

5 氣炸鍋內放烘焙紙，將蝦捲放入內鍋，均勻噴上橄欖油。

6 以180度氣炸8分鐘後翻面，再以180度氣炸7分鐘，撒上黑胡椒粉即成。

Point

· 食材內餡放入料理機內打成泥，口感會較紮實。

· 蝦仁可以一半打成泥、一半用切碎的方式，能豐富層次、增加口感。

你也可以這樣做！

沒有洋車前子粉，也可以用奇亞籽打成粉、或用寒天粉替代。可以用豆皮代替千張。

輕盈生菜包雞翅

 總熱量 352kcal
 淨醣分 6.4g
 總醣分 7.4g

10→5分鐘　200度

 膳食纖維 1g
 蛋白質 27.9g
 脂肪 22.1g

材料（2人份）

☐ 二節翅 150g
☐ 番茄 50g
☐ 甜豆莢 50g
☐ 萵苣 40g
☐ 酪梨油 3cc
☐ 香草鹽 3g

作法

1　番茄洗淨切片，甜豆莢洗淨後去除豆莢的絲
　　。

2　雞翅洗淨，以廚房紙巾去除水分，放入氣炸鍋
　　內；旁邊擺上甜豆莢、番茄片，200度炸15分
　　鐘（10分鐘時取出番茄及甜豆莢，雞翅繼續
　　炸）。

3　炸好的番茄片及甜豆筴用酪梨油稍作攪拌。

4　萵苣洗淨後瀝乾水分，擺上番茄片、甜豆莢、
　　炸好的雞翅，再撒上香草鹽即成。

Point
雞翅的水分要吸乾，氣炸後表皮會更酥脆。

你也可以這樣做！

如果想讓顏色豐富些，可
再加上黃甜椒；百香果季
節可適量加入新鮮的百香
果淋在雞翅上一起食用，
酸酸甜甜很爽口。

醬燒蔬菜花枝

總熱量	淨醣分	總醣分
192kcal	5.4g	9.3g

膳食纖維	蛋白質	脂肪
3.9g	20g	7.8g

15分鐘　180度　耐熱容器

材料（2人份）

- [ ] 花枝 150g
- [ ] 紅黃甜椒 15g
- [ ] 玉米筍 15g
- [ ] 秋葵 20g
- [ ] 西洋芹 10g
- [ ] 青蔥 5g
- [ ] 薑 5g
- [ ] 辣椒 3g
- [ ] 米酒 5cc
- [ ] 醬油 10cc
- [ ] 水 15cc

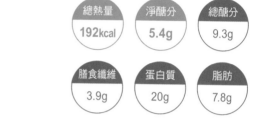
Ⓐ

Ⓑ

作法

1 把花枝的皮和膜去除乾淨，把硬殼拿掉，內臟去除、洗淨後切小塊Ⓐ。

2 玉米筍、甜椒、西洋芹、秋葵洗淨後切小塊。

3 青蔥洗淨切段，辣椒和薑洗淨切絲。

4 把蔥段和辣椒絲、薑絲放入碗中，加入米酒、醬油、水，混合成醬汁Ⓑ。

5 取一耐熱容器，將所有食材放入氣炸鍋內，以180度氣炸15分鐘即成。

Point

· 不吃辣可省略辣椒。
· 花枝表面的膜需撕除。

你也可以這樣做！

花枝可用鱈魚、多利魚片、鯛魚片代替。

優格燕麥炸雞

總熱量	淨醣分	總醣分
388kcal	29.6g	32.9g

膳食纖維	蛋白質	脂肪
3.3g	35.4g	35.7g

6→7分鐘　190度　耐熱容器

材料（2人份）

- [ ] 雞胸肉 125g
- [ ] 燕麥片 50g
- [ ] 白胡椒粉 5g
- [ ] 無糖原味優格 50g
- [ ] 橄欖油 5cc

作法

1 雞胸肉洗淨，用廚房紙巾吸乾水分、切條狀後放入碗中，加入白胡椒、優格醃10分鐘Ⓐ。

2 醃好的雞肉沾取燕麥片，噴上一點橄欖油Ⓑ。

3 取一耐熱容器，刷上一點橄欖油，將步驟②的雞胸肉放入，190度炸13分鐘（6分鐘後翻面），就完成了！

Point

· 建議可以把燕麥片壓碎使用，吃起來的口感會更好。
· 為了減醣，建議使用原味無糖的優格。

你也可以這樣做！

如果沒有優格，可省略改成蛋汁。

燕麥鯛魚片

總熱量	淨醣分	總醣分
677kcal	62.9g	67.6g

膳食纖維	蛋白質	脂肪
4.7g	45.7g	24.9g

1→10分鐘　　170→180度

材料（2人份）

- ☐ 沖泡式燕麥片 100g
- ☐ 鯛魚片 150g
- ☐ 蛋 40g
- ☐ 白胡椒粉 5g
- ☐ 鹽 5g
- ☐ 羅勒葉 2g
- ☐ 橄欖油 5cc

作法

1 蛋打散；燕麥片放入氣炸鍋內，170度炸1分鐘後，用研磨機打成燕麥粉。

2 鯛魚洗淨，用廚房紙巾吸乾水分，抹上鹽、白胡椒粉稍微醃製10分鐘。

3 醃好的鯛魚片兩面均勻沾取蛋汁，再沾燕麥粉。

4 鯛魚片噴上橄欖油，放入氣炸鍋內，以180度炸10分鐘，灑點羅勒葉就完成了！

Point
- · 鯛魚片裹上燕麥片再去氣炸，可以增加魚吃起來的層次感。
- · 氣炸前噴點油，可以增加脆度。

你也可以這樣做！
也可用花枝取代鯛魚片，變化各種吃法。

椒鹽雞米花

總熱量	淨醣分	總醣分
290kcal	13.9g	16.3g

膳食纖維	蛋白質	脂肪
2.4g	27.4g	21g

10→2分鐘　180度　氣炸鍋用架子　烘焙紙

材料（2人份）

- ☐ 雞胸肉 100g
- ☐ 青椒 50g
- ☐ 蒜頭 10g
- ☐ 青蔥 10g
- ☐ 杏仁粉 20g
- ☐ 蛋 20g
- ☐ 胡椒鹽 5g
- ☐ 辣椒 5g
- ☐ 酪梨油 5cc

作法

1　雞胸肉洗淨，用廚房紙巾吸乾水分、切丁；青椒洗淨切片。

2　杏仁粉與蛋放入碗中混合，接著放入步驟①的雞丁拌勻。

3　蒜頭、蔥、辣椒洗淨切碎，混合酪梨油後放入耐熱盤中，先放置一旁備用。

4　炸籃內放烘焙紙，將裹粉的雞丁、青椒片一起放入氣炸鍋內，噴上一點酪梨油在表面，180度炸10分鐘。

5　接著放入步驟③的蒜頭、蔥、辣椒，一起再以180度炸2分鐘！

6　最後把所有氣炸的食材灑上胡椒鹽，攪拌均勻即成。

Ⓐ

Ⓑ

Point

不太敢吃辣的話，可以將籽去除，能減輕辣度。

你也可以這樣做！

可以用杏鮑菇取代雞肉也很好吃。

檸檬椒鹽
骰子牛肉串

總熱量	淨醣分	總醣分
402kcal	8.1g	10.2g
膳食纖維	蛋白質	脂肪
2.1g	37g	20.2g

 15分鐘　 180度　 不鏽鋼叉　 氣炸鍋用架子

材料（2人份）

☐ 骰子牛肉 200g
☐ 洋蔥 50g
☐ 青椒 40g
☐ 甜椒 20g
☐ 綜合香料 5g
☐ 橄欖油 5cc
☐ 檸檬椒鹽 5g

作法

1　洋蔥洗淨去膜，青椒、甜椒洗淨去籽，全部切成與牛肉一樣大小。

2　用不鏽鋼叉把食材交錯串一起，噴上少許橄欖油，放入氣炸鍋內，180度炸15分鐘Ⓐ。

3　炸好的牛肉串，灑上一點綜合香料及檸檬椒鹽，就完成了！

Point

· 因蔬菜烹調時間跟肉類不同，若牛肉要吃全熟，可把蔬菜跟肉類分開烹調，肉類先放入5分鐘後再將蔬菜放入，完成後再用不鏽鋼叉串起來。

· 建議使用不鏽鋼叉，一來環保可重覆使用，二來不用擔心竹籤有漂白的食安疑慮，但是如果手邊沒有，可以用牙籤或烤肉用的竹籤代替。

Ⓐ

你也可以這樣做！

買不到骰子牛，可以用沙朗或菲力，切成長寬2cm大小來代替；不吃牛肉可用雞里肌肉代替。

鵝蔥蛤蠣絲瓜

總熱量	淨醣分	總醣分
115kcal	2.3g	3.7g
膳食纖維	蛋白質	脂肪
1.4g	8.1g	8.2g

25分鐘　200度　鋁箔紙　耐熱容器

材料（2人份）

- ☐ 絲瓜 100g
- ☐ 蛤蠣 60g
- ☐ 水 30cc
- ☐ 薑 5g
- ☐ 鵝油蔥酥 5g
- ☐ 鹽 5g
- ☐ 白胡椒粉 2g

作法

1　蛤蠣前一晚先吐沙完成後，洗淨備用Ⓐ。

2　絲瓜刨除外皮後切塊，薑洗淨後切絲備用。

3　取耐熱容器將蛤蠣、絲瓜、薑絲放入鍋內，加入水及鹽，再蓋上鋁箔紙，放入氣炸鍋內以200度氣炸25分鐘Ⓑ。

4　待蛤蠣打開、絲瓜軟化後，上面撒上鵝油蔥酥及白胡椒粉即完成。

Point
鍋子中放入水與適量鹽，混成鹽水後，將蛤蠣放入，可讓蛤蠣吐沙。

你也可以這樣做！
若將水量加多，再加入蒟蒻麵條，變成湯麵，即可當一餐食用。鵝油蔥酥可以用油蔥酥替代。

橙汁優格雞肉捲

總熱量
359kcal

淨醣分
10.7g

總醣分
11.6g

膳食纖維
3.9g

蛋白質
43.2g

脂肪
16.2g

15分鐘　　180度

材料（2人份）

- ☐ 雞胸肉 150g
- ☐ 小黃瓜 50g
- ☐ 四季豆 30g
- ☐ 奇亞籽油 10cc

沾醬

- ☐ 原味優格 150g
- ☐ 鮮柳橙汁 10cc
- ☐ 檸檬汁 5cc

作法

1. 雞胸肉洗淨，以廚房紙巾吸乾水分，然後切小塊。

2. 四季豆洗淨、切小段，小黃瓜洗淨、用刨刀刨成長條狀Ⓐ。

3. 氣炸鍋內先噴點奇亞籽油，把雞胸肉塊放入氣炸鍋內，四季豆放在肉的旁邊，180度炸15分鐘。

4. 把沾醬的材料倒入碗中，攪拌均勻成優格醬Ⓑ。

5. 步驟③炸完後，再用小黃瓜包裹雞肉與四季豆，沾優格醬食用即可。

Point

- ・想要雞胸肉吃起來更嫩的話，可以在前一晚用200cc的水，混合11g的鹽，醃製一晚，肉質會更鮮嫩。
- ・小黃瓜本身可以生吃，所以不用炸，避免口感變軟。

你也可以這樣做！

雞胸肉可換成牛肉；優格醬可改成油醋醬，只要橄欖油15cc＋醋5cc＋黑胡椒粉3g拌勻即可。

酪梨雞柳豆包捲

總熱量	淨醣分	總醣分
259kcal	2.5g	4.2g

膳食纖維	蛋白質	脂肪
1.7g	32.1g	11.7g

12分鐘　　180度　　烘焙紙

材料（2人份）

- ☐ 雞里肌 60g
- ☐ 生豆皮 60g
- ☐ 香菜 15g
- ☐ 酪梨 20g
- ☐ 玫瑰鹽 5g
- ☐ 白胡椒粉 3g
- ☐ 醬油 5cc
- ☐ 亞麻仁油 5cc
- ☐ 烘焙紙 1張

Ⓐ

Ⓑ

作法

1 雞里肌切長條狀，放入碗中，用玫瑰鹽醃15
分鐘；酪梨洗淨去皮，切長條狀。

2 香菜用水洗淨、用廚房紙巾擦乾水分Ⓐ。

3 豆皮洗淨，用廚房紙巾擦乾水分後攤平，刷
上醬油，灑上胡椒粉，放入醃過的雞柳條、
香菜及酪梨，將豆皮捲起Ⓑ。

4 氣炸鍋容器內鋪上烘焙紙，把豆皮捲開口朝
下，放入氣炸鍋內。

5 表面噴上一層薄薄的亞麻仁油，180度炸12分
鐘，盛盤就可以吃了。

Point
- ・雞肉不要切太厚，否則不易熟透。
- ・豆皮需擦乾水分，口感才會酥脆。
- ・氣炸鍋內放入烘焙紙，可預防豆皮沾黏。

你也可以這樣做！

不喜歡香菜的人，可改用
青蔥。

黑胡椒雞肉串

總熱量	淨醣分	總醣分
185kcal	4.1g	5.5g

膳食纖維	蛋白質	脂肪
1.4g	24.7g	7.1g

15分鐘　　190度　　氣炸鍋用架子　　不鏽鋼叉

材料（2人份）

- [ ] 雞胸肉 100g
- [ ] 小黃瓜 30g
- [ ] 紅蘿蔔 30g
- [ ] 奇亞籽油 5cc
- [ ] 蒜頭 5g
- [ ] 醬油 10cc
- [ ] 黑胡椒粒 3g

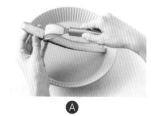

Ⓐ

作法

1　雞胸肉洗淨，用廚房紙巾吸乾水分、切片。

2　蒜頭洗淨、去除薄膜切末；小黃瓜與紅蘿蔔洗淨，用刨刀薄成薄片Ⓐ。

3　雞胸肉用醬油及蒜末醃製15分鐘

4　將雞胸肉、紅蘿蔔片、小黃瓜捲起，用不鏽鋼叉串起，噴上奇亞籽油Ⓑ。

5　雞肉串放入氣炸鍋內，190度炸15分鐘，撒上黑胡椒粒就完成了Ⓒ。

Ⓑ

Ⓒ

Point

・雞肉可以先用醬油、蒜頭醃製，放入冰箱冷藏，隔天再料理會更入味。

・建議使用不鏽鋼叉，一來環保可重覆使用，二來不用擔心竹籤有漂白的食安疑慮，但是如果手邊沒有，可以用牙籤或烤肉用的竹籤代替。

你也可以這樣做！

搭配洋蔥一起串也很搭，很好吃喔！

培根鮮蔬蝦仁

總熱量	淨醣分	總醣分
418kcal	15.7g	19g

膳食纖維	蛋白質	脂肪
3.3g	28.6g	25.4g

3→15分鐘　180度　耐熱容器

材料（3人份）

☐ 高麗菜 300g
☐ 帶殼蝦 80g
☐ 培根 25g
☐ 奇亞籽油 10cc
☐ 蒜頭 10g
☐ 鹽 5g

Ⓐ

作法

1 高麗菜洗淨、用手撕小塊，培根洗淨、切小塊Ⓐ。

2 蝦子剪去頭尾、剝去外殼，蒜頭洗淨去膜、切末Ⓑ。

3 氣炸鍋內放入奇亞籽油及蒜頭，以180度爆香3分鐘。

4 放入高麗菜、培根、鹽拌勻，蝦子擺在旁邊，180度炸15分鐘，取出盛盤就完成了！

Ⓑ

你也可以這樣做！

可加入喜歡的食材如花椰菜、菇類一起炸。

PART4

蔬食吃飽飽超營養！
15道減醣料理

炒香蒜鮮菇
空心菜

總熱量	淨醣分	總醣分
297kcal	18.9g	30.2g

膳食纖維	蛋白質	脂肪
11.3g	11.7g	16.1g

3→3→4→5分鐘　　180度

材料（2人份）

- ☐ 空心菜 300g
- ☐ 鴻禧菇 100g
- ☐ 紅蘿蔔 50g
- ☐ 蒜頭 30g
- ☐ 紅辣椒 10g
- ☐ 料理米酒 5cc
- ☐ 奇亞籽油 15cc
- ☐ 水 10cc
- ☐ 鹽 5g

作法

1 空心菜去除根部及老梗、洗淨，鴻禧菇去除根部、洗淨，紅蘿蔔洗淨去皮、切片。

2 蒜頭洗淨去膜、拍碎或切成蒜末，辣椒洗淨、切丁。

3 氣炸鍋以180度預熱3分鐘，倒入奇亞籽油接著把蒜末放入，180度爆香3分鐘。

4 待蒜香味出來後，放入鴻禧菇及紅蘿蔔拌一下，再以180度炸4分鐘。

5 再放入空心菜及料理米酒、鹽、水、辣椒丁，稍微拌炒，再以180度炸5分鐘就完成了！

Point

- ·米酒、鹽能讓空心菜顏色保持鮮綠，不要太早放。
- ·紅蘿蔔、鴻禧菇較空心菜慢熟，要先料理。
- ·不敢吃辣的人，可以去除辣椒籽。

你也可以這樣做！

除了鴻禧菇，也可以加入其他菇類一起食用，口感會更好。

香草鹽時蔬

總熱量	淨醣分	總醣分
443kcal	32.5g	49.4g

膳食纖維	蛋白質	脂肪
16.9g	12.7g	24g

 3→15→2分鐘　 180→190→180度　耐熱容器

材料（2人份）

- ☐ 茄子 200g
- ☐ 杏鮑菇 200g
- ☐ 四季豆 40g
- ☐ 洋蔥 50g
- ☐ 南瓜 30g
- ☐ 甜椒 50g
- ☐ 青蔥 20g
- ☐ 紫蘇籽油 15cc
- ☐ 發酵奶油 10g
- ☐ 香草鹽 5g
- ☐ 粗粒黑胡椒 3g

Ⓐ

作法

1 茄子、杏鮑菇洗淨、切小塊，甜椒洗淨去籽、切小塊，南瓜洗淨去皮、切小塊，洋蔥洗淨去膜、切小塊，四季豆洗淨、切小段。

2 青蔥洗淨、切段。

3 氣炸鍋以180度預熱3分鐘，接著加入紫蘇籽油、香草鹽，再放入步驟①的材料稍做攪拌，以190度炸15分鐘Ⓐ。

4 最後加入蔥段及發酵奶油，與黑胡椒均勻拌炒後，再以180度炸2分鐘即可Ⓑ。

Ⓑ

Point
奶油最後再下，避免過度加熱。

你也可以這樣做！

如果有新鮮香草，也可以
加一點點，味道會更棒！

蘿蔔絲焗烤櫛瓜

總熱量	淨醣分	總醣分
390kcal	8.7g	12.6g

膳食纖維	蛋白質	脂肪
3.9g	24.1g	27.6g

 15分鐘　 190度

材料（2人份）

- ☐ 櫛瓜 200g
- ☐ 紅蘿蔔 50g
- ☐ 芹菜 40g
- ☐ 豆皮 50g
- ☐ 奇亞籽油 15cc
- ☐ 鹽 5g
- ☐ 披薩調理專用起司 30g
- ☐ 白胡椒粉 5g
- ☐ 洋香菜葉 3g

作法

1　櫛瓜洗淨、切半後，挖空果肉當容器🅐。

2　芹菜洗淨、切丁，豆皮洗淨、用廚房紙巾吸乾水分再切丁，把櫛瓜果肉放入一個碗中，加入鹽與白胡椒粉稍作攪拌。

3　把步驟②的材料填入櫛瓜容器內🅑。

4　紅蘿蔔洗淨、刨絲，用奇亞籽油稍微抓一下，接著在櫛瓜表面鋪上紅蘿蔔絲，撒上起司。

5　放入氣炸鍋內，以190度炸15分鐘，最後撒上洋香菜葉就完成了！

Point
- ・櫛瓜可用小湯匙挖取果肉，請小心不要挖破。
- ・豆皮水分須擦乾，氣炸後才會酥脆。

你也可以這樣做！

櫛瓜可用小黃瓜或大黃瓜代替。

田園時蔬烘蛋

總熱量	淨醣分	總醣分
556kcal	24.9g	29.7g

膳食纖維	蛋白質	脂肪
4.8g	24.8g	38g

 3→10分鐘　 180→200度　 耐熱小碗（或杯子蛋糕模）

材料（2人份）

- [ ] 雞蛋 120g
- [ ] 毛豆 30g
- [ ] 蘑菇 30g
- [ ] 番茄 30g
- [ ] 玉米粒 30g
- [ ] 綠花椰菜 30g
- [ ] 莧菜 30g
- [ ] 蒜頭 10g
- [ ] 發酵奶油 5g
- [ ] 鵝油蔥醬 10g
- [ ] 鹽 5g
- [ ] 紫蘇籽油 10cc

 A

作法

1　蛋打散，蘑菇和番茄洗淨、切片，莧菜和蒜頭洗淨、切碎，綠花椰菜洗淨、切小朵。

2　碗裡抹上一層發酵奶油，再將蒜頭放入，以180度爆香3分鐘Ⓐ。

3　將所有食材（包含蛋液及調味料）加入碗裡拌勻，放入氣炸鍋內，200度炸10分鐘即成！

Point

如果溫度較高，可以中途降到170度，或在碗的上面蓋一層鋁箔紙。

你也可以這樣做！

不只上述提到的蔬菜，也可以加入其他醣類較低的蔬菜，如菠菜、花椰菜、紫蘇、油菜等。

油燜苦瓜

總熱量	淨醣分	總醣分
229kcal	**8.8**g	**19.8**g

膳食纖維	蛋白質	脂肪
11g	4g	15.4g

2→8→10分鐘　　190→200度　　鋁箔紙　　耐熱容器

材料（2人份）

☐ 苦瓜 300g
☐ 蒜頭 20g
☐ 辣椒 10g
☐ 醬油 10cc
☐ 料理米酒 5cc

☐ 赤藻糖醇 10g
☐ 水 30cc
☐ 奇亞籽油 15cc
☐ 鋁箔紙 1張

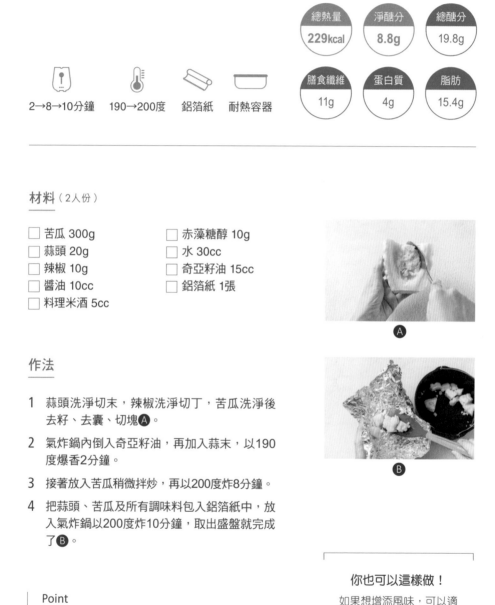

Ⓐ

Ⓑ

作法

1 蒜頭洗淨切末，辣椒洗淨切丁，苦瓜洗淨後去籽、去囊、切塊Ⓐ。

2 氣炸鍋內倒入奇亞籽油，再加入蒜末，以190度爆香2分鐘。

3 接著放入苦瓜稍微拌炒，再以200度炸8分鐘。

4 把蒜頭、苦瓜及所有調味料包入鋁箔紙中，放入氣炸鍋以200度炸10分鐘，取出盛盤就完成了Ⓑ。

Point
苦瓜與蒜頭拌炒時，要留意苦瓜是否有軟，如果沒有，須再延長炸的時間。

你也可以這樣做！
如果想增添風味，可以適量加入丁香魚乾。

山藥烤甜椒

總熱量	淨醣分	總醣分
375kcal	38.7g	47g

膳食纖維	蛋白質	脂肪
8.3g	14g	5.9g

3→12分鐘　　180度

材料（2人份）

- ☐ 日本山藥 200g
- ☐ 四季豆 20g
- ☐ 豆乾 30g
- ☐ 甜椒 100g
- ☐ 醬油 10cc
- ☐ 白胡椒粉 5g
- ☐ 鹽 5g
- ☐ 奇亞籽油 10cc

A

作法

1　甜椒洗淨、對切後去籽。

2　四季豆洗淨、豆乾切丁，加入醬油及白胡椒粉拌勻。

3　氣炸鍋內放入奇亞籽油及步驟②材料，180度炸3分鐘後取出。

4　山藥洗淨去皮、磨成泥後加入鹽拌勻，裝入甜椒容器內再加入步驟③的四季豆跟豆乾丁Ⓐ。

5　接著在山藥泥上方噴上少許油，以180度炸12分鐘就完成了！

Point
使用紅黃甜椒，顏色會較繽紛，看來較美味。

你也可以這樣做！
甜椒可改用青椒代替；四季豆可用毛豆代替。

塔香豆腐

總熱量	淨醣分	總醣分
253kcal	10.5g	12g

膳食纖維	蛋白質	脂肪
1.5g	14g	15.1g

12→10→3分鐘　180度

材料（2人份）

☐ 水豆腐 150g　　☐ 九層塔 10g
☐ 洋蔥 50g　　　☐ 鹽 5g
☐ 蒜頭 5g　　　　☐ 赤藻糖醇 5g
☐ 薑 5g　　　　　☐ 奇亞籽油 10cc
☐ 青蔥 10g　　　☐ 醬油 10cc

Ⓐ

作法

1　水豆腐洗淨，用廚房紙巾吸乾水分、切成小塊Ⓐ。

2　洋蔥洗淨去膜、切條狀，青蔥洗淨切段，蒜頭洗淨切末；薑洗淨切片，醬油與赤藻醣醇、鹽拌勻。

3　水豆腐噴上一點油，放入氣炸鍋內以180度炸12分鐘，取出。

4　洋蔥放入氣炸鍋中，加入步驟②的食材與調味料攪拌均勻，180度炸10分鐘。

5　最後將步驟③的水豆腐一起倒入，輕輕攪拌，加入九層塔，噴點油，180度炸3分鐘即成！

> **Point**
> 水豆腐的水分須擦乾，氣炸後才會酥脆。

> **你也可以這樣做！**
> 可以加入紅蘿蔔片或筍片；水豆腐可改用凍豆腐代替。

彩色拼盤

總熱量	淨醣分	總醣分
139kcal	5.7g	9.3g

膳食纖維	蛋白質	脂肪
3.6g	3.2g	10.6g

3→15分鐘　　180度

材料（2人份）

☐ 甜椒 60g
☐ 四季豆 30g
☐ 紫色高麗菜 30g
☐ 玉米筍 30g
☐ 豆芽菜 60g
☐ 紫蘇籽油 10cc
☐ 鹽 5g

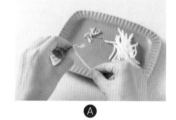

A

作法

1　甜椒洗淨去籽、切條狀，四季豆洗淨切小段，豆芽菜洗淨、去頭尾只留白色部位，玉米筍洗淨、切小段Ⓐ。

2　紫高麗菜洗淨、切絲。

3　氣炸鍋先加入一點紫蘇籽油，以180度預熱3分鐘，接著加入步驟①材料，加鹽拌勻，然後噴點油，放入氣炸鍋以180度炸15分鐘。

4　完成後，拌入步驟②的紫高麗菜絲就完成了！

Point

· 紫高麗菜可生吃，不要炸口感較好。

· 豆芽菜去頭尾，吃起來較爽口。

你也可以這樣做！

如果想加入一點肉類或海鮮做變化，雞胸肉或鯛魚片是不錯的選擇！

豆皮春捲

總熱量	淨醣分	總醣分
437kcal	28.7g	34.5g

膳食纖維	蛋白質	脂肪
5.8g	34.6g	23.9g

3→15分鐘　200度

材料（2人份）

- ☐ 豆皮 120g
- ☐ 豆干 50g
- ☐ 豆芽菜 50g
- ☐ 紅蘿蔔 50g
- ☐ 芹菜 30g
- ☐ 杏仁果 30g
- ☐ 鹽 5g
- ☐ 赤藻糖醇 5g

Ⓐ

作法

1. 杏仁果先放入氣炸鍋內，190度炸3分鐘。

2. 炸過的杏仁果放入研磨機內打成粉狀，再與赤藻糖醇、鹽拌勻。

3. 豆芽菜洗淨，紅蘿蔔洗淨、去皮後切條狀，豆干切絲，芹菜洗淨切絲。

4. 豆皮洗淨、擦乾後攤開，先鋪上一層步驟②的杏仁粉，再依序把豆芽菜、豆干絲、紅蘿蔔、芹菜放入捲起Ⓐ。

5. 最後放入氣炸鍋內，以200度炸15分鐘即成！

Point
杏仁果炸過後香氣較足，且建議使用無調味的杏仁果。

你也可以這樣做！

杏仁果可以用花生代替。

麻油鮮菇

總熱量 200kcal	淨醣分 14.8g	總醣分 21.1g
膳食纖維 6.3g	蛋白質 8.6g	脂肪 10.5g

3→15分鐘　　180度　　烘焙紙

材料（2人份）

- ☐ 金針菇 70g
- ☐ 雪白菇 70g
- ☐ 舞菇 70g
- ☐ 鴻禧菇 70g
- ☐ 紅蘿蔔 40g
- ☐ 青蔥 10g
- ☐ 薑 5g
- ☐ 鹽 5g
- ☐ 胡麻油 10cc
- ☐ 烘焙紙 1張

作法

1　薑洗淨切片，與胡麻油先放入氣炸鍋內，以180度預熱3分鐘。

2　所有菇類洗淨撕細，青蔥洗淨切絲，紅蘿蔔洗淨切絲。

3　步驟①的薑片倒入烘焙紙中，再放入步驟②切好的菇及紅蘿蔔絲、蔥絲，加鹽拌一拌後包起來，放入氣炸鍋內，180度炸15分鐘即成。

Point

如購買超市的菇類可以直接去掉前端的根部，稍作清洗即可料理。

你也可以這樣做！

可加入些芹菜或香菜，更添風味。

三色豆腐丸

總熱量	淨醣分	總醣分
232kcal	13.2g	15.9g

膳食纖維	蛋白質	脂肪
37.7g	21.2g	10.7g

15分鐘　　180度　　烘焙紙

材料（2人份）

- [ ] 板豆腐 150g
- [ ] 紅蘿蔔 50g
- [ ] 豌豆 20g
- [ ] 青蔥 10g
- [ ] 蠔油 5cc
- [ ] 醬油 15cc
- [ ] 赤藻糖醇 5g
- [ ] 橄欖油 3cc
- [ ] 白胡椒粉 3g
- [ ] 鹽 5g
- [ ] 洋車前子粉 30g
- [ ] 烘焙紙 1張

作法

1　豆腐切碎；紅蘿蔔洗淨、去皮、切末，加入豌豆、洋車前子粉、鹽、白胡椒粉攪拌至無乾粉後捏成球狀🅐。

2　氣炸鍋底部鋪上烘焙紙，把步驟①的食材放入氣炸鍋內，表面噴上油，以180度氣炸15分鐘。

3　蠔油、醬油、赤藻醣醇放入碗中拌勻，淋在丸子上，撒上切好的蔥花就完成了🅑！

Point
- 建議選用板豆腐，因為質地較硬，不易過碎。
- 不要過度攪拌，避免豆腐過碎。

你也可以這樣做！

可以加入玉米粒或使用三色蔬菜，但玉米粒的醣分較高，要適量使用。可以把豆腐替換成牛肉末，做成牛肉丸子。

鮮菇蛤蠣盅

總熱量	淨醣分	總醣分
184kcal	**10.5g**	**15.2g**

膳食纖維	蛋白質	脂肪
4.7g	15.3g	7.7g

 12分鐘　 200度　 鋁箔紙　 耐熱容器

材料（2人份）

- ☐ 綠花椰菜 30g
- ☐ 杏鮑菇 100g
- ☐ 帶殼蛤蠣 100g
- ☐ 鋁箔紙 1張

醬汁

- ☐ 青蔥 10g
- ☐ 蒜頭 10g
- ☐ 醬油 5cc
- ☐ 芝麻油 3cc

作法

1. 蛤蠣吐沙後，用菜瓜布刷洗外殼Ⓐ。

2. 青蔥和蒜頭洗淨切末，放入碗中，加入醬油、芝麻油拌勻成醬汁。

3. 綠花椰菜洗淨、切小朵，杏鮑菇沖洗一下、撕成細條狀Ⓑ。

4. 將蛤蠣、杏鮑菇、花椰菜放入耐熱容器中，加入醬汁，耐熱容器蓋上鋁箔紙，放入氣炸鍋內以200度炸12分鐘就完成了Ⓒ！

Point
鍋子中放入水與適量鹽，混成鹽水後，將蛤蠣放入，可讓蛤蠣吐沙。

你也可以這樣做！
蛤蠣可改成蝦肉；除了原有的杏鮑菇，如果想再多點變化，也可把部分的杏鮑菇替換成其他菇類，例如：鴻禧菇、金針菇、雪白菇、柳松菇。

補鈣生菜包

總熱量	淨醣分	總醣分
360kcal	21.6g	24.1g

膳食纖維	蛋白質	脂肪
2.5g	34.1g	15.9g

3→10→6分鐘　　180度

材料（2人份）

☐ 豆皮 80g
☐ 萵苣生菜 50g
☐ 小黃瓜 20g
☐ 紫高麗菜 20g
☐ 酪梨 30g

Ⓐ

小魚乾材料

☐ 丁香小魚乾 70g　　☐ 青蔥 10g
☐ 白胡椒粉 5g　　　　☐ 赤藻糖醇 5g
☐ 蒜頭 10g　　　　　☐ 紫蘇籽油 10cc
☐ 辣椒 10g　　　　　☐ 醬油 5cc

Ⓑ

作法

1　豆皮洗淨，用廚房紙巾吸乾水分，萵苣生菜洗淨，小黃瓜洗淨切絲，蒜頭洗淨去膜、切末，辣椒、蔥洗淨切段，酪梨切片備用。

2　丁香小魚乾洗淨、瀝乾水分，加入白胡椒粉、赤藻糖醇、醬油拌勻Ⓐ。

3　氣炸鍋先以180度預熱3分鐘，接著把蒜末、辣椒、青蔥和紫蘇籽油放入碗中，與小魚乾拌勻，放入氣炸鍋內，以180度炸10分鐘，完成後取出Ⓑ。

4　氣炸鍋噴一點油，放入豆皮，以180度炸6分鐘，最後將生菜、小黃瓜絲、豆皮、紫高麗菜、酪梨及小魚乾包著一起食用Ⓒ。

Ⓒ

Point
豆皮擦乾水分後，炸完後的口感較好。

你也可以這樣做！
也可購買近期很夯的千張取代生菜，吃起來像越南春捲，十分清爽不油膩。

127

櫛瓜牛奶烘蛋

總熱量	淨醣分	總醣分
240kcal	5.3g	7.3g

膳食纖維	蛋白質	脂肪
2g	14.4g	15.5g

3→10分鐘　170→180度　烤模

材料（2人份）

- ☐ 蛋 100g
- ☐ 櫛瓜 80g
- ☐ 洋蔥 50g
- ☐ 玉米筍 20g
- ☐ 紅蘿蔔 20g
- ☐ 牛奶 20cc
- ☐ 芹菜 5g
- ☐ 粗粒黑胡椒粉 3g
- ☐ 橄欖油 5cc
- ☐ 烤模 3個

Ⓐ

作法

1 櫛瓜洗淨切去蒂頭、切片，玉米筍洗淨切片，洋蔥洗淨去膜切丁備用。

2 蔥和紅蘿蔔皆洗淨去皮、切丁，與步驟①的食材、橄欖油一起混合，放入氣炸鍋內，170度炸3分鐘。

3 芹菜洗淨切末，打散的蛋、牛奶混合後倒入烤模內，與剛剛炸過的蔬菜攪拌一下後灑上胡椒粉Ⓐ。

4 接著放入以180度氣炸10分鐘，即完成烘蛋、盛盤。

Point
蛋的大小不一，所以牛奶的量不能太多。

你也可以這樣做！
玉米筍可用玉米粒替代，但請酌量使用，因玉米粒的醣分較高。

蔥蒜杏鮑菇

總熱量	淨醣分	總醣分
92kcal	8.7g	12g

膳食纖維	蛋白質	脂肪
3.3g	2g	5.1g

2→10分鐘　180度

材料（2人份）

- ☐ 杏鮑菇 150g
- ☐ 蔥 10g
- ☐ 蒜頭 10g
- ☐ 薑 5g
- ☐ 橄欖油 5cc
- ☐ 黑胡椒鹽 5g
- ☐ 辣椒 3g

Ⓐ

作法

1　杏鮑菇洗淨後切滾刀狀，蔥、薑、辣椒洗淨後切末，蒜頭去除薄膜後切碎。

2　將蔥、薑、蒜、辣椒放入氣炸鍋內噴上少許橄欖油，180度氣炸2分鐘後取出。

3　杏鮑菇繼續以180度炸10分鐘，完成後加入步驟②的食材，撒上黑胡椒鹽就完成了Ⓐ！

Point

辣椒配色用，如果不敢吃辣，可以買大條的辣椒，去除辣椒內膜與籽，泡水一下，可去除辣味。

你也可以這樣做！

可以加些青椒跟紅黃甜椒，顏色會更繽紛，增加美味視覺感！

PART5

氣炸一鍋搞定一餐！
20道氣炸懶人料理

雞肉蔬果披薩

總熱量	淨醣分	總醣分
338kcal	10.7g	11.8g

膳食纖維	蛋白質	脂肪
1.1g	30.5g	18.1g

 13分鐘　 180度　 烘焙紙

材料（1人份）

- [ ] 豆腐皮 30g
- [ ] 披薩調理專用起司 35g
- [ ] 水煮熟雞胸肉 40g
- [ ] 綠花椰菜20g
- [ ] 甜椒 20g
- [ ] 蘋果 30g
- [ ] 水煮蛋切片 10g
- [ ] 鹽 2g
- [ ] 橄欖油 5cc
- [ ] 羅勒葉 2g

作法

1　將豆皮洗淨、擦乾水分，攤開當披薩的餅皮。

2　水煮蛋切成片狀，放1片在豆皮餅皮的中心。

3　雞胸肉撕成雞絲（或切成丁狀），與鹽混合後撒在水煮蛋四周。

4　綠花椰菜和甜椒洗淨、切碎，蘋果洗淨切丁，均勻撒在豆腐皮上 Ⓐ。

5　撒上披薩調理專用起司，噴上橄欖油，放入氣炸鍋內，180度炸13分鐘，撒上羅勒葉即成 Ⓑ。

Point
- 豆皮需擦乾水分，口感才會酥脆。
- 橄欖油可放入噴油罐或者用刷子刷上即可。

你也可以這樣做！

雞胸肉可用其他食材替代，例如雞里肌肉、牛肉、肉質較厚的魚類（多利魚、鮭魚、鯛魚）；紅甜椒可用紅蘿蔔、番茄替代；酸甜的蘋果也可用新鮮鳳梨替代，可依喜好多種變化。

洋蔥鮮菇雞

總熱量	淨醣分	總醣分
281kcal	12.3g	15g

膳食纖維	蛋白質	脂肪
2.7g	41.2g	8.4g

8→5分鐘　　190→180度　　鋁箔紙

材料（2人份）

☐ 雞里肌肉 120g ☐ 蠔油 10cc
☐ 雪白菇 25g ☐ 亞麻仁油 5cc
☐ 鴻禧菇 25g ☐ 香草鹽 5g
☐ 油豆腐 30g ☐ 鋁箔紙 1張
☐ 洋蔥 100g

Ⓐ

Ⓑ

作法

1　先將雞里肌肉洗淨，灑上香草鹽醃5分鐘後切小塊Ⓐ。

2　雪白菇、鴻禧菇剝成一朵朵；油豆腐用水沖一下，切小塊、瀝乾水分。

3　洋蔥洗淨、去外膜、切成一瓣一瓣。

4　雪白菇、鴻禧菇、油豆腐加入蠔油稍微攪拌，再用鋁箔紙包起來Ⓑ。

5　將所有食材放入氣炸鍋內，多餘的空間放入洋蔥，190度氣炸8分鐘，先將洋蔥取出擺盤。

6　再以180度氣炸5分鐘，將所有食材取出擺盤，淋上亞麻仁油。

Point
· 選擇雞里肌肉口感較好、不乾柴。
· 鋁箔紙有分光面跟霧面，霧面是吸收光源，所以必須要朝外才能發揮效果。

你也可以這樣做！

蠔油可用醬油代替；菇類可以替換任何菇類，例如金針菇、杏鮑菇。

蘿蔔鯖魚雪麵

總熱量	淨醣分	總醣分
316kcal	9.5g	12.6g

膳食纖維	蛋白質	脂肪
3.1g	18.1g	18.5g

 13分鐘　 180度　 鋁箔紙　耐熱容器

營養師小提醒！

蒟蒻麵幾乎不含醣類，且熱量非常
低，有飽足感，適合減醣時食用。

材料（2人份）

- ☐ 鯖魚罐頭 100g
- ☐ 蘑菇 30g
- ☐ 白蘿蔔 40g
- ☐ 紅蘿蔔 40g
- ☐ 洋蔥 50g
- ☐ 橄欖油 15cc
- ☐ 蒟蒻雪麵 150g
- ☐ 鋁箔紙 1張

作法

1　蒟蒻雪麵用白開水稍微清洗、瀝乾水分，放入碗中。

2　紅蘿蔔、白蘿蔔洗淨、去皮，接著用挖球器挖取蘿蔔果肉。

3　洋蔥洗淨去膜、切小塊，蘑菇洗淨切片。

4　取一個耐熱容器，把鯖魚、紅蘿蔔和白蘿蔔、洋蔥、蘑菇片依序放入，淋上橄欖油，在容器開口處蓋上鋁箔紙，接著放入氣炸鍋內，180度炸13分鐘。

5　鯖魚醬完成後，把步驟④的食材倒在蒟蒻雪麵上就完成了Ⓑ！

Point
- ・鯖魚罐頭本身有湯汁，不需額外加水。
- ・蒟蒻雪麵要先用水清洗過，以去除蒟蒻的腥味。
- ・蒟蒻雪麵在超市或網路上很容易購買，還有不同粗細寬度可選擇。
- ・雪麵是蒟蒻做的，如果開封後有異味，代表壞掉了，請留意。

你也可以這樣做！

此道料理很適合加入雞胸肉一起食用；低卡麵包也可以沾鯖魚醬一起食用；喜歡吃辣的人，可以加辣椒粉。

藜麥牛肉飯糰

總熱量 512kcal 淨醣分 51.7g 總醣分 53.8g

膳食纖維 2.1g 蛋白質 31.2g 脂肪 17.8g

8分鐘　180度　烘焙紙

材料（2人份）

- ☐ 藜麥飯 100g
  - ‧糙米 60g
  - ‧藜麥 40g
- ☐ 牛肉片 180g
- ☐ 洋蔥 20g
- ☐ 蔥 10g
- ☐ 烤肉醬 10ml
- ☐ 鹽 3g
- ☐ 亞麻仁油 5cc

Ⓐ

Ⓑ

作法

1　藜麥飯煮法：糙米洗淨後先浸泡30分鐘，再放入洗過的藜麥稍作攪拌，加入150cc的水，放入電鍋內煮，跳起後燜5分鐘後拌勻、放涼備用Ⓐ。

2　蔥洗淨切末，洋蔥洗淨去外膜、切末。

3　藜麥飯放涼後，加入蔥末、洋蔥末、鹽、亞麻仁油混合，分為4等份。

4　將藜麥飯捏成圓形，用牛肉片包覆，刷上烤肉醬備用。

5　氣炸鍋中鋪上烘焙紙，將牛肉飯糰放入，以180度氣炸8分鐘即成Ⓑ。

Point

- ‧藜麥飯一次可以多煮一點，放入保鮮盒置於冰箱，可保存1～3天。
- ‧挑選烤肉醬時，建議選擇低鈉低鹽的品項。

你也可以這樣做！

藜麥飯可以用五穀飯替代；亞麻仁油可以用橄欖油代替。

青豆番茄蛋燴飯

 總熱量 **355kcal**

 淨醣分 **44.8g**

 總醣分 47.2g

 膳食纖維 2.4g

 蛋白質 19.2g

 脂肪 9.8g

 4→3→3分鐘

 180度

 耐熱容器

材料（2人份）

- ☐ 藜麥飯 100g
  - ・糙米 60g
  - ・藜麥 40g
- ☐ 番茄 80g
- ☐ 青豆 20g
- ☐ 玉米粒 20g
- ☐ 蛋 100g
- ☐ 番茄醬 10g
- ☐ 蔥 10g
- ☐ 鹽 5g
- ☐ 橄欖油 5cc

Ⓐ

Ⓑ

作法

1　蔥洗淨切末，青豆洗淨，將藜麥飯煮熟（請詳見P.141）。

2　番茄洗淨，用刀在表面劃十字，然後用熱水燙一下去皮、切丁Ⓐ。

3　鍋中噴上一層油，放入切好的番茄丁、番茄醬拌勻，180度炸4分鐘，完成後取出。

4　蛋打散加鹽，與青豆、玉米粒倒入剛烤番茄的烤模內，180度氣炸3分鐘Ⓑ。

5　把步驟③的番茄丁加入蛋內攪拌，以180度氣炸3分鐘，最後將番茄蛋淋在藜麥飯上，撒上蔥末就完成了。

Point

・鍋中一定要噴油，才能避免黏鍋。

・番茄加點油可以幫助茄紅素吸收，所以這裡的油不能省。

・番茄醬請選擇無糖的番茄醬。

你也可以這樣做！

藜麥飯可以用五穀飯代替；青豆可以用其他蔬菜（如：四季豆、甜碗豆）代替；若家裡有綠花椰菜，可以加一點，視覺效果會很好！

茶香蝦泡飯

總熱量	淨醣分	總醣分
217kcal	29.3g	30.8g

膳食纖維	蛋白質	脂肪
1.5g	11.8g	3.8g

12分鐘　　180度　　鋁箔紙　　耐熱容器

材料（2人份）

- ☐ 藜麥飯 100g
  - ·糙米 60g
  - ·藜麥 40g
- ☐ 去殼蝦仁 50g
- ☐ 高山茶 5g
- ☐ 海苔 1片
- ☐ 蔥 10g
- ☐ 芹菜 10g
- ☐ 水 100cc
- ☐ 熱水 30cc
- ☐ 鹽 5g
- ☐ 鋁箔紙 1張

Ⓐ

作法

1　將藜麥飯煮熟（請詳見P.141）；用熱水將茶葉泡開後，將茶葉撈起，茶葉水備用；蔥和芹菜洗淨切末Ⓐ。

2　藜麥飯放入耐熱的碗內，放入蝦仁、水，並蓋上鋁箔紙，接著放入氣炸鍋內，180度炸12分鐘Ⓑ。

3　完成後加入茶葉水，撒上蔥末、芹菜末、鹽，海苔切成海苔絲，撒在上面就完成了Ⓒ！

Ⓑ

Ⓒ

Point

- ·氣炸過程中可取出看蝦子是否有變紅，因蝦子大小不同，所需時間略有差異。
- ·茶葉第一泡先倒掉，留第二泡。茶葉不要泡太久避免苦澀。

你也可以這樣做！

沒有茶葉，可用茶包代替；紅茶、綠茶、烏龍茶會有不同風味，可依個人喜好做選擇。

豆干堅果雞翅包

 總熱量 692kcal

 淨醣分 11g

 總醣分 13.1g

膳食纖維 2.1g

蛋白質 43.9g

脂肪 51.9g

 1→2→12分鐘　　 170→180度　　 耐熱容器

146

材料（2人份）

- ☐ 雞中翅 150g
- ☐ 蘑菇 40g
- ☐ 豆干 50g
- ☐ 蘆筍 50g
- ☐ 奶油 10g
- ☐ 玉米粒 10g
- ☐ 鹽 5g
- ☐ 黑胡椒粒 5g
- ☐ 無調味杏仁果 30g
- ☐ 醬油 10cc
- ☐ 白芝麻 10g

Ⓐ

Ⓑ

作法

1　將雞翅中的骨頭取出Ⓐ。

2　杏仁果裝在袋子中用擀麵棍敲碎，與白芝麻放入耐熱小容器中，放入氣炸鍋內以170度炸1分鐘。

3　蘑菇、豆干、蘆筍洗淨、切丁狀，與奶油、玉米粒、黑胡椒粒、鹽攪拌，放入氣炸鍋內以180度炸2分鐘。

4　把炸過的白芝麻、杏仁果與步驟③食材混合，塞入去骨的雞翅內Ⓑ。

5　接著把雞翅刷上醬油，放入氣炸鍋內，以180度氣炸12分鐘，撒上白芝麻就完成了。

Point

- ・將雞翅的筋用剪刀切斷後，以旋轉的方式把骨頭取出。
- ・氣炸杏仁果時，建議選用可耐熱200度的耐熱容器（杯）。

你也可以這樣做！

此道食譜可以搭配一點泡菜食用，味道會更好。

彩蔬豆皮花枝捲

 總熱量 **400kcal**

 淨醣分 **4.9g**

 總醣分 **7.2g**

10分鐘 190度

 膳食纖維 **2.3g**

 蛋白質 **39.7g**

 脂肪 **23.1g**

材料（2人份）

- ☐ 花枝 250g
- ☐ 甜椒 30g
- ☐ 秋葵 30g
- ☐ 芹菜 10g
- ☐ 豆皮 40g
- ☐ 醬油 10cc
- ☐ 發酵奶油 10g

Ⓐ

Ⓑ

作法

1 把花枝的皮和膜去除乾淨，硬殼拿掉，內臟去除乾淨Ⓐ。

2 秋葵洗淨、去除蒂頭，用牙刷刷去表皮細毛；甜椒洗淨去籽、切段；芹菜洗淨去葉子切段。

3 秋葵、甜椒、芹菜放在豆皮上捲起，然後塞入花枝內Ⓑ。

4 花枝表皮刷上醬油，放入氣炸鍋內，190度炸10分鐘Ⓒ。

5 完成後取出，把剩下的發酵奶油塗抹在花枝上，待奶油融化，等花枝放涼後，切小段就可以吃了！

Ⓒ

你也可以這樣做！

花枝內也可以塞入藜麥飯和蔬菜丁當成輕食。

鮭魚香鬆藜麥球

總熱量	淨醣分	總醣分
254kcal	33.3g	34.5g

膳食纖維	蛋白質	脂肪
1.2g	13.2g	5.5g

20分鐘　　180度

材料（2人份）

- ☐ 藜麥飯 100g
  - ・糙米 60g
  - ・藜麥 40g
- ☐ 鮭魚 30g
- ☐ 香鬆 10g
- ☐ 鹽 5g

Ⓐ

作法

1 將藜麥飯煮熟（請詳見P.141）；鮭魚洗淨後抹鹽放入氣炸鍋內，180度炸20分鐘，到沒有水分為止Ⓐ。

2 氣炸好的鮭魚放在碗裡，用湯匙壓碎成鮭魚鬆Ⓑ。

3 將鮭魚鬆、香鬆與藜麥飯拌勻之後，捏成球狀即可食用。

Ⓑ

Point
- ・鮭魚的油脂豐富，氣炸後自然流出的油可以用來拌蔬菜。
- ・也可以先將藜麥飯捏成球狀，再裹上香鬆。

你也可以這樣做！

鮭魚香鬆用途多，撒在粥或搭配生菜食用都很適合，多做一些起來放冰箱冷藏，可保存2～3天。藜麥飯一次可多煮一些，放冰箱可冷藏2～3天。

培根照燒海苔

總熱量
428kcal

淨醣分
25g

總醣分
25.4g

膳食纖維
0.4g

蛋白質
10.7g

脂肪
33g

 5→5分鐘　　 180度　　 牙籤或竹籤

材料（2人份）

- [ ] 培根 90g
- [ ] 蘆筍 30g
- [ ] 蟹肉棒 30g
- [ ] 市售壽司海苔片 3g
- [ ] 橄欖油 3cc
- [ ] 竹籤（或牙籤）3支

醬汁

- [ ] 醬油 30cc
- [ ] 蜂蜜 20cc
- [ ] 料理米酒 10cc
- [ ] 煮過的開水 10cc

作法

1 壽司海苔剪成與培根一樣大小；蘆筍洗淨、切成與蟹肉棒一樣長度。

2 蟹肉棒拆掉包裝膜、撕成絲狀。

3 海苔片放在最底層，依序放上培根片、蘆筍、蟹肉棒，接著捲起來，用竹籤固定Ⓐ。

4 培根卷噴上橄欖油後放入氣炸鍋內，180度氣炸10分鐘。

5 趁著氣炸食材時調醬汁。蜂蜜與開水混合後，加入醬油及料理米酒攪拌均勻。

6 氣炸過程約5分鐘時取出刷上調好的醬汁，然後繼續炸，完成後即可食用。

Point

· 盡量選購無鹽分的海苔。
· 建議選擇無焦糖色素的醬油較好。

你也可以這樣做！

蘆筍可用四季豆替換；培根可改用火鍋肉片，但時間要加長，以180度氣炸13分鐘。

韓式泡菜紙包雞

總熱量	淨醣分	總醣分
439kcal	7.3g	10.4g

膳食纖維	蛋白質	脂肪
3.1g	39.9g	25.6g

 15分鐘　 190度　 烘焙紙

材料（2人份）

- ☐ 雞翅 200g
- ☐ 韓式泡菜 50g
- ☐ 雪白菇 30g
- ☐ 玉米筍 30g
- ☐ 綠蘆筍 50g
- ☐ 甜椒 60g
- ☐ 薑 2g
- ☐ 鹽 3g
- ☐ 烘焙紙 1張

Ⓐ

Ⓑ

作法

1 雞翅洗淨、以廚房紙巾擦乾、切塊。

2 雪白菇去除蒂頭；玉米筍、綠蘆筍、甜椒洗淨切段；薑洗淨切片。

3 烘焙紙攤開，把所有食材、薑片、泡菜、鹽放在烘焙紙中間Ⓐ。

4 接著把烘焙紙的左右兩邊摺起來，再對摺，把食材完全包覆在烘焙紙內，放入氣炸鍋內，190度炸15分鐘，就完成囉Ⓑ！

Point

· 韓式泡菜可直接購買市售品。

· 烘焙紙包覆食材時，四邊都要包好，避免湯汁流出。

你也可以這樣做！

雞翅可以用魚片代替。

黑胡椒
杏鮑菇牛肉條

總熱量	淨醣分	總醣分
411kcal	25.8g	30.3g

膳食纖維	蛋白質	脂肪
4.5g	32.1g	18.3g

10分鐘　180度　耐熱容器

材料（2人份）

- ☐ 牛肉 200g
- ☐ 杏鮑菇 60g
- ☐ 甜椒 50g
- ☐ 蔥 10g
- ☐ 黑胡椒鹽 3g
- ☐ 鵝油蔥醬 5g

作法

1　牛肉洗淨、切條狀，杏鮑菇洗淨、用手撕成條狀，甜椒洗淨去籽、切成條狀，蔥洗淨、切段 Ⓐ。

2　取一個大碗，把所有食材混合攪拌，放入耐熱容器中，然後置於氣炸鍋內，180度炸10分鐘 Ⓑ。

Ⓐ

Ⓑ

Point

· 選購牛肉時，以筋少的部位為主，例如菲力或沙朗。

· 牛肉不要切太厚，條狀較適合。

· 鵝油蔥醬適合減醣時使用，因為減醣飲食也是需要搭配高油脂攝取。

· 杏鮑菇手撕的口感更多元。

你也可以這樣做！

牛肉條可用雞柳條、魚肉條代替；如果家中沒有鵝油蔥醬，可用油蔥醬取代；杏鮑菇也可用馬鈴薯代替。

田園起司豬肉捲

總熱量	淨醣分	總醣分
285kcal	25.5g	28.9g

膳食纖維	蛋白質	脂肪
3.4g	28.8g	6.8g

12分鐘　　180度　　鋁箔紙

材料（2人份）

- [ ] 豬里肌肉片 80g
- [ ] 小白菜 50g
- [ ] 小黃瓜 40g
- [ ] 南瓜 40g
- [ ] 起司片 20g
- [ ] 醬油 20cc

作法

1. 小白菜洗淨、切小段，小黃瓜、南瓜洗淨後用刨刀刨成薄片，起司片切小片。

2. 把肉片攤平，依序放上小黃瓜片、南瓜片、小白菜、起司片，豬肉捲表面刷上薄薄的醬油，以捲壽司的方式捲起，再用鋁箔紙包覆**B**。

3. 放入氣炸鍋內以180度炸12分鐘就完成了！

Point
小黃瓜可以去除豬肉的油膩感，甜甜的南瓜可以讓肉捲更具風味。

你也可以這樣做！
里肌肉可改用牛肉片或羊肉片代替；如果不喜歡太油的人，可選擇油花較少的肉片；南瓜片可改用紅蘿蔔片代替。

氣炸一鍋搞定一餐！20道氣炸懶人料理

蔬菜豚肉福袋

總熱量 **334kcal**　淨醣分 **19.8g**　總醣分 **20.6g**

膳食纖維 **0.8g**　蛋白質 **24.5g**　脂肪 **16.5g**

15分鐘　180度　耐熱杯

材料（2人份）

- ☐ 豬絞肉 100g
- ☐ 青豆 30g
- ☐ 甜玉米 30g
- ☐ 洋蔥 30g
- ☐ 豆皮 60g
- ☐ 蔥 10g
- ☐ 白胡椒 3g
- ☐ 鹽 5g

Ⓐ

Ⓑ

作法

1 洋蔥洗淨去薄膜、切丁，與絞肉、青豆、甜玉米，加鹽與白胡椒拌勻Ⓐ。

2 豆皮切小片放在杯子內鋪平，加入混合好的蔬菜絞肉Ⓑ。

3 用蔥當成繩子將開口綁起來，放入氣炸鍋內，180度氣炸15分鐘就完成了Ⓒ！

Ⓒ

你也可以這樣做！

豬絞肉可用雞胸肉代替；
也可加入洋蔥跟鮪魚罐頭
（1：3比例）口味也很棒。

氣炸牛小排

總熱量	淨醣分	總醣分
510kcal	8.4g	10.5g

膳食纖維	蛋白質	脂肪
2.1g	30g	42.7g

8→6分鐘　180度

材料（2人份）

☐ 牛小排 120g ☐ 蒜頭 5g
☐ 洋蔥 60g ☐ 發酵奶油 10g
☐ 綠蘆筍 30g ☐ 鹽 5g
☐ 紅蘿蔔 30g ☐ 黑胡椒粒 3g

Ⓐ

作法

1　牛小排洗淨，用廚房紙巾擦乾；蒜頭洗淨後切片。

2　炸籃刷上一層薄薄的發酵奶油，再將牛小排放入氣炸鍋內，蒜頭片放在牛小排上，180度炸8分鐘，完成後盛盤。

3　洋蔥洗淨去外膜、切塊，紅蘿蔔洗淨削皮、切片，綠蘆筍洗淨切段。

4　將步驟③的食材平鋪在氣炸鍋的容器內，上面放剩下的發酵奶油、黑胡椒粒，以180度炸6分鐘，完成後取出，撒上鹽與牛小排一起食用Ⓐ。

Point

・紅蘿蔔的含醣量較高，請適量食用。
・洋蔥選擇台灣本地的白色洋蔥，會比進口洋蔥更容易煮熟。

你也可以這樣做！

牛小排可改用鮭魚或鯛魚片，擠上一點新鮮檸檬汁會更加爽口。

法式丁骨豬排

總熱量	淨醣分	總醣分
665kcal	22.9g	24.5g

膳食纖維	蛋白質	脂肪
1.6g	44.7g	42.7g

15分鐘　190度　烘焙紙

164

材料（1人份）

- [ ] 帶骨里肌豬肉片 200g
- [ ] 烘焙紙 1張
- [ ] 橄欖油 3cc

醃肉醬汁

- [ ] 黑胡椒 5g
- [ ] 料理米酒 10cc
- [ ] 蒜頭 15g
- [ ] 醬油 30cc
- [ ] 生杏仁粉 30g
- [ ] 赤藻糖醇 15g

作法

1　豬排買回來，先用肉槌敲打。

2　把醃肉醬汁的材料放入大碗中拌勻，將豬排放入醃30分鐘Ⓐ。

3　炸籃放上烘培紙，再將豬排放入氣炸鍋內，噴點橄欖油在表面，190度炸15分鐘即可食用Ⓑ。

Point

・如果沒有肉槌可以用玻璃瓶或擀麵棍敲打。
・豬排可於前一晚先醃製，放入冰箱冷藏，會更入味。

你也可以這樣做！

豬排可用鯛魚片或雞腿肉代替。可在旁邊擺上蔬菜，例如青椒、洋蔥、玉米筍一起炸。

橙皮紫蘇籽魚排

總熱量	淨醣分	總醣分
293kcal	5.9g	7.5g

膳食纖維	蛋白質	脂肪
1.6g	47.2g	13.3g

 15分鐘　 180度　 烘焙紙

材料（2人份）

- ☐ 鯛魚片 200g
- ☐ 花椰菜 50g
- ☐ 洋蔥 20g
- ☐ 紅蘿蔔 10g
- ☐ 玫瑰鹽 5g
- ☐ 紫蘇籽油 10cc
- ☐ 烘焙紙 1張
- ☐ 柳橙皮 2g

Ⓐ

作法

1　鯛魚片洗淨，用廚房紙巾去除水分，撒上玫瑰鹽；花椰菜洗淨切小朵，洋蔥去外膜、切塊，紅蘿蔔洗淨削皮、切片Ⓐ。

2　烘焙紙置於氣炸鍋內鍋底部，將鯛魚片放在中間，旁邊放花椰菜、紅蘿蔔及洋蔥。

3　表面噴上紫蘇籽油，以180度炸15分鐘，完成後撒上柳橙皮。

Point
花椰菜氣炸時噴一點油，較不易變黃。

你也可以這樣做！

可以放入其他種類蔬菜，如玉米筍、蘆筍、小黃瓜、秋葵等。

奶油洋蔥烤鮭魚

總熱量	淨醣分	總醣分
437kcal	9.8g	14.6g

膳食纖維	蛋白質	脂肪
4.8g	45.5g	21.3g

3→20分鐘　　180度　　氣炸鍋用架子

材料（2人份）

- [ ] 鮭魚 180g
- [ ] 西洋芹 50g
- [ ] 茄子 50g
- [ ] 洋蔥 50g
- [ ] 酪梨 50g
- [ ] 鹽 2g

沙拉醬

- [ ] 蒜頭 10g
- [ ] 鹽 3g
- [ ] 發酵奶油 10g
- [ ] 胡椒粉 3g

Ⓐ

作法

1　西洋芹和茄子洗淨切段，酪梨洗淨切小塊。

2　發酵奶油放室溫軟化，洋蔥洗淨、切小塊。

3　鮭魚洗淨，用廚房紙巾吸乾水分後，兩面抹點鹽，醃15分鐘。

4　氣炸鍋以180度預熱3分鐘，將西洋芹、茄子放在氣炸鍋底部，蔬菜上面放架子。

5　鮭魚放在架子上，180度炸20分鐘Ⓐ。

6　把步驟②的材料與胡椒粉、蒜頭、鹽放入料理機（或果汁機）打成沙拉醬。

7　炸完後取出，把沙拉醬淋在鮭魚上，擺上氣炸好的蔬菜及酪梨就完成了！

Point

鮭魚本身的油脂豐富，不用再額外加油。

你也可以這樣做！

鮭魚可以替換成鯛魚或者雞胸肉。

脆皮果香烤全雞

15→15→1分鐘　　　180度

材料（5人份）

- [ ] 全雞 1200g
- [ ] 薑 20g
- [ ] 洋蔥 40g
- [ ] 蘋果 50g
- [ ] 青蔥 50g
- [ ] 蒜頭 40g
- [ ] 檸檬 20g
- [ ] 蜂蜜10cc

醬汁

- [ ] 醬油 30cc
- [ ] 料理米酒 20cc
- [ ] 白胡椒粉 10g

作法

1 市場購買回來已處理過內臟的全雞洗淨、擦乾水分；把醬汁的材料混合均勻。

2 薑洗淨切片，洋蔥洗淨去膜、切片，蘋果、檸檬洗淨去皮、切片，蒜頭洗淨拍碎、青蔥切段，將材料混合後，塞入全雞的肚子內Ⓐ（洋蔥、青蔥一半鋪在炸籃底部，防止雞肉沾黏）。

3 拿刷子將醬汁塗抹在雞肉表面，放入氣炸鍋內，180度炸30分鐘（15分鐘時需翻面讓雞肉熟得更均勻）Ⓑ。

4 最後在全雞表面刷上蜂蜜，180度炸1分鐘！

Point
- 需看氣炸鍋的大小作調整，如果氣炸鍋容量小，請選擇小一點的全雞或只用半隻雞。
- 此食譜份量較多，小家庭或只有一個人，可以先分裝，然後真空包裝放冰箱的冷凍櫃，食用時取出，再用氣炸鍋回烤一下即可。
- 如果雞較大隻，易與上方的發熱管較近，容易烤焦，可使用鋁箔紙蓋住上方，避免焦黑。

你也可以這樣做！
可以單烤雞腿肉或雞翅，把雞肉放在氣炸鍋內，其餘的食材均勻地擺放在旁邊即可。

陽光蔬菜粥

總熱量	淨醣分	總醣分
212kcal	36.3g	54.2g

膳食纖維	蛋白質	脂肪
17.9g	5.2g	0.4g

15分鐘　180度　鋁箔紙　耐熱容器

材料（2人份）

☐ 蒟蒻米 300g　　☐ 紅蘿蔔 20g
☐ 玉米粒 50g　　　☐ 鹽 5g
☐ 蘆筍 20g　　　　☐ 鋁箔紙 1張
☐ 高麗菜 20g

作法

1　將蘆筍、高麗菜洗淨切丁，紅蘿蔔洗淨削皮、切末。

2　蒟蒻米用水浸泡5分鐘，洗淨瀝乾備用。

3　蒟蒻米放入耐熱容器內，加入步驟①的所有材料、玉米粒、鹽，蓋上鋁箔紙，放入氣炸鍋內，180度炸15分鐘。

Point
蒟蒻米需存放在氫氧化鈣水（鹼水）中保存，買回來先剪小開口將保存液倒掉、蒟蒻米稍做清洗後，放在碗裡用熱水泡1～2分鐘，去除保存液味道後即可料理。

你也可以這樣做！
如果吃不慣蒟蒻米的朋友，剛開始可以一半糙米、一半蒟蒻米的方式。

PART6

減醣也能吃甜點！
5道減醣甜點烘焙

堅果能量棒

總熱量	淨醣分	總醣分
1005kcal	56g	71.5g

膳食纖維	蛋白質	脂肪
15.5g	20.6g	70g

 15分鐘　 180度　 烘焙紙　 耐熱容器

材料

- [ ] 杏仁果 30g
- [ ] 葵花籽 30g
- [ ] 南瓜籽 30g
- [ ] 杏仁角 10g
- [ ] 燕麥片 100g
- [ ] 香菜 10g
- [ ] 青蔥 30g
- [ ] 溫水 30cc
- [ ] 鹽 5g
- [ ] 酪梨油 10cc
- [ ] 赤藻糖醇 15g

作法

1. 堅果敲碎，香菜、青蔥洗淨切末。

2. 用溫水將燕麥片泡開，加入碎堅果、香菜末、蔥末，拌勻，加入鹽及酪梨油、赤藻糖醇調味。

3. 取一個大的耐熱容器，鋪上烘焙紙，把食材放入，並壓好、扎實固定，放入氣炸鍋內，180度炸15分鐘。

4. 完成後取出，放涼後切成條狀或小塊，方便食用Ⓐ。

Point

- 市售的能量棒會加入果乾，但減肥期間，不建議加入果乾，以免水果內的糖分過高。
- 不喜歡香菜的人可省略。

你也可以這樣做！

酪梨油可用橄欖油或亞麻仁油代替；如有自製豆漿，可加入豆渣也很美味。能量棒可以搭配咖啡一起食用，或可當成運動後補充能量的點心。

果仁雪球

總熱量	淨醣分	總醣分
964kcal	43.3g	48.8g

膳食纖維	蛋白質	脂肪
5.5g	12.4g	83.2g

16分鐘　　170度

營養師小提醒！

杏仁粉是種子類，含油量非常
高，建議把這道點心分成好幾
份，在不同天當做點心食用。

材料

- ☐ 杏仁粉 100g
- ☐ 發酵奶油 40g
- ☐ 赤藻糖醇 30g
- ☐ 葵花籽 10g
- ☐ 南瓜籽 10g
- ☐ 杏仁片 10g
- ☐ 鹽 3g

作法

1 杏仁粉過篩備用，全部的赤藻糖醇用料理機打成糖粉。

2 發酵奶油置於室溫軟化後，加入10克赤藻糖醇打發至乳白色。

3 葵花籽、南瓜籽、杏仁片放入塑膠袋內，用擀麵棍稍微敲碎。

4 將步驟②和③的材料，與過篩的杏仁粉、鹽一起攪拌均勻後捏成球狀。

5 接著放入氣炸鍋內，以170度炸16分鐘，裹上剩下的赤藻糖醇糖粉就可以吃了Ⓑ！

Point

・如果沒有料理機可以磨成糖粉，可用塑膠袋裝赤藻糖醇，再拿擀麵棍將糖來回磨成粉狀。

・裹上糖粉的動作是雪球最重要的步驟，不可以省略。

你也可以這樣做！

除了上述提到的堅果，也可以加入核桃、腰果、開心果等，但要適量食用，以免熱量太高。

蘋果杏仁蛋糕

總熱量	淨醣分	總醣分
612kcal	35.5g	40.1g

膳食纖維	蛋白質	脂肪
4.6g	20.4g	44g

6→20分鐘　170度　杯子蛋糕膜或耐熱容器

材料

- 蘋果 100g
- 發酵奶油 15g
- 肉桂粉 5g
- 水 50cc
- 杏仁粉 50g
- 杏仁片 10g
- 蛋 100g
- 無鋁泡打粉 5g
- 杯子蛋糕膜 3個

A

B

作法

1　將蘋果洗淨去皮、切片。

2　取一耐熱容器，放入奶油，再放入蘋果片，接著放入氣炸鍋內，以170度炸6分鐘，至蘋果軟化Ⓐ。

3　鋼盆內放入水、杏仁粉、蛋、肉桂粉、無鋁泡打粉，攪拌至無乾粉為止，加入步驟②軟化的蘋果片，放置室溫10分鐘Ⓑ。

4　將步驟③的材料填裝入杯子蛋糕膜內，撒上杏仁片，170度炸20分鐘就完成了！

> Point
> ・杏仁粉請購買烘焙用的，非一般沖泡用杏仁粉。
> ・選購泡打粉時，請購買無鋁的泡打粉。

你也可以這樣做！

可加入核桃或胡桃，蘋果與核桃非常搭；沒有杯子蛋糕模的話，也可改用一般耐熱容器。

檸檬杏仁酥餅

總熱量	淨醣分	總醣分
474kcal	36.3g	38.3g

膳食纖維	蛋白質	脂肪
2g	12.4g	30.8g

 20分鐘　 180度　 烘焙紙　 保鮮膜

材料

- ☐ 五穀粉 50g
- ☐ 杏仁粒 20g
- ☐ 發酵奶油 20g
- ☐ 赤藻糖醇 20g
- ☐ 檸檬汁 10cc
- ☐ 檸檬皮屑 5g
- ☐ 水 20cc
- ☐ 保鮮膜 1張
- ☐ 烘焙紙 1張

作法

1　五穀粉過篩。

2　發酵奶油軟化後，加入赤藻糖醇拌勻，再加入五穀粉、杏仁粒、檸檬汁、檸檬皮屑、水，拌勻整成圓柱狀的麵糰。

3　用保鮮膜將步驟②的麵糰包起來，放入冷凍庫定型 。

4　取出麵糰、切片，氣炸鍋底部鋪上烘焙紙，放入切片的麵糰，以180度炸20分鐘即成 ！

Point
檸檬皮不要用到白色部位，以免有苦味。

你也可以這樣做！
五穀粉可用杏仁粉取代；加入無調味堅果，能讓口感更有層次。

核桃格子酥

總熱量 **977kcal**	淨醣分 **6.4g**	總醣分 **21.4g**
膳食纖維 15g	蛋白質 40.6g	脂肪 86.7g

5→20分鐘　180→190度　製冰盒

材料

- ☐ 亞麻仁籽粉 50g
- ☐ 蛋 200g
- ☐ 赤藻糖醇 30g
- ☐ 發酵奶油 30g
- ☐ 無鋁泡打粉 5g
- ☐ 核桃 30g
- ☐ 鹽 5g
- ☐ 製冰盒 1個

Ⓐ

作法

1. 核桃洗淨、瀝乾水分，放入氣炸鍋內，180度炸5分鐘。

2. 取一個大碗，蛋打入碗內打散，與赤藻糖醇稍微打發，接著加入奶油及亞麻仁籽粉、鹽、無鋁泡打粉拌勻至無乾粉狀。

3. 加入核桃一起攪拌後，填裝入製冰盒內塑形，之後放入冰箱冷凍5分鐘Ⓐ。

4. 從冰箱中拿出製冰盒，把格子酥取出，放入氣炸鍋內，以190度氣炸20分鐘即成。

| Point
核桃先氣炸過，會讓堅果香味更濃郁。

你也可以這樣做！

亞麻仁籽粉可用杏仁粉或黃豆粉代替。

常見食材
醣類索引表

Ricky營養師提供給想要減醣的你，常見食物的醣類與熱量表，
只要多看幾次與多加注意，便能成功減醣，達到理想體態！

＊食材排序以含醣量為基準，由低至高。

● 澱粉類　　　　　　（單位：100g）

名稱	含醣量(g)	熱量(kcal)
粥	12	60
蓮藕	13.5	65
馬鈴薯	14.3	68
荸薺	14.5	67
玉米粒罐頭	16.9	90
南瓜	17.3	74
山藥	18.2	87
蘿蔔糕	20.4	111
碗豆仁	21.3	100
甜不辣	21.5	100
皇帝豆	23.1	108
芋頭糕	25	117

名稱	含醣量(g)	熱量(kcal)
地瓜	25.4	114
蓮子	25.6	141
芋頭	25.8	121
菱角（熟）	31	146
豬血糕	37.8	194
白飯	41	183
糙米飯	41	183
蛋餅皮	43.7	231
糖炒栗子	46.3	210
鹽酥蠶豆	46.3	456
吐司	48.6	289
白年糕	49.7	220

●蔬菜類 （單位：100g）

名稱	含醣量(g)	熱量(kcal)
山東饅頭	50	233
小湯圓	50	233
芋圓	50	233
地瓜圓	50	233
春捲皮	50.4	241
餐包	50.5	365
饅頭	51.3	248
餃子皮	57	264
餛飩皮	58.2	271
鍋燒麵（熟）	58.5	479
花豆	59	328
鷹嘴豆	60	280
河粉（濕）	60	280
紅豆	61.5	328
拉麵	62.1	292
綠豆	63	344
薏仁	66.2	378
麵粉	74.1	361
麵條（乾）	74.6	357
刀豆	75	350
大麥	76.1	362
油麵	76.3	361
麥片	76.7	365
麥粉	85	389
米粉	85.3	366
冬粉	87.5	351

名稱	含醣量(g)	熱量(kcal)
芹菜	0.4	27
油菜	1.6	12
小白菜	1.9	12
青江菜	2.1	13
冬瓜	2.4	11
菠菜	2.4	18
黃豆芽	2.5	34
苜蓿芽	2.5	20
紅莧菜	2.6	20
萵苣	2.8	13
胡瓜	2.9	14
萵苣	3.1	16
芥菜	3.5	19
空心菜	3.5	22
紅鳳菜	3.5	22
竹筍	3.5	21
蘑菇	3.8	25
絲瓜	3.9	19
白蘿蔔	3.9	18
蒲瓜	4	18
茭白筍	4	20
牛番茄	4	19
苦瓜	4.2	20
花椰菜	4.5	23
甘藍	4.8	23
白鳳菜	4.8	27

名稱	含醣量(g)	熱量(kcal)
茄子	4.9	23
山東白菜	5	25
小黃瓜	5	25
雪裡紅	5	25
綠蘆筍	5	25
韭黃	5	25
芥蘭	5	25
油菜花	5	25
皇宮菜	5	25
萵苣葉	5	25
龍鬚菜	5	25
韭菜花	5	25
韭菜	5	25
地瓜葉	5	25
玉米筍	5.8	31
青椒	5.9	29
紫甘藍	5.9	28
猴頭菇	5.9	31
高麗菜	6	24
金針菇	7.2	37
黃秋葵	7.5	36
香菇	7.6	39
木耳	8.8	38
紅蘿蔔	8.9	39
洋蔥	9	39
牛蒡	19.1	84

名稱	含醣量(g)	熱量(kcal)
桃子	6	24
聖女番茄	7.3	33
紅西瓜	8	33
葡萄柚	8.3	33
楊桃	8.3	32
小玉西瓜	8.6	35
香瓜	8.8	37
蓮霧	9	35
哈密瓜	9.3	37
草莓	9.3	39
白柚	9.6	38
泰國芭樂	9.7	38
水蜜桃	9.7	39
枇杷	9.8	38
木瓜	9.9	38
椪柑	10	40
土芭樂	10	39
柳丁	11	43
海梨	11	44
愛文芒果	11	42
香吉士	11.4	47
李子	11.7	48
加州李	12	48
火龍果	12.4	51
金棗	12.5	50
金煌芒果	13	52

名稱	含醣量(g)	熱量(kcal)
黑棗梅	13	52
蘋果	13.9	51
奇異果	14	56
西洋梨	14.1	53
水梨	14.1	53
荔枝	16.5	65
葡萄	17.7	69
紅毛丹	17.9	73
龍眼	17.9	73
山竹	18.1	69
櫻桃	19.1	75
仙桃	20	93
香蕉	22.1	85
釋迦	26.6	104
榴槤	31.6	136
芒果青	54.2	223
紅棗	59.5	227
黑棗	60.9	230
龍眼乾	70.7	277
椰棗	75	300
芭樂乾	75	300
無花果乾	75	300
蔓越莓乾	75	300
鳳梨乾	75	300
葡萄乾	78.7	341
芒果乾	90	371

● 調味料 （單位：100g）

名稱	含醣量(g)	熱量(kcal)
香油	0	817
麻油	0	828
起司粉	0.1	474
胡麻油	0.2	897
蝦醬	1.3	99
椰奶	4	285
甜醬油	6.2	105
番茄醬	6.5	28
沙茶醬	10	720
義大利麵醬	10.8	66
胡麻醬	13.4	481
蘑菇醬	15.7	73
芝麻醬	16.3	661
醬油	19.7	105
味噌	21.4	189
花生醬	27	592
蠔油	27.7	132
豆瓣醬	29.1	100
辣椒醬	30	448
甜酒釀	34.8	163
甜雞醬	50	200
味醂	57	228
五香粉	68.1	393
蜂蜜	81.5	315

國家圖書館出版品預行編目資料

減醣快瘦 氣炸鍋料理：減醣實證者小魚媽 X 體態雕
塑營養師 Ricky, 量身打造 58 道增肌減脂減重餐 / 小
魚媽 , Ricky 著 . -- 臺北市 : 三采文化 , 2019.09
面；　公分 . --（好日好食；49）

ISBN 978-957-658-229-5(平裝)
1. 食譜 2. 減重
427.1　　　　　　　　　　　108014092

suncolor
三采文化集團

好日好食 49

減醣快瘦 氣炸鍋料理

減醣實證者小魚媽 × 體態雕塑營養師 Ricky，量身打造 58 道 2 階段減重餐

作者｜小魚媽（陳怡安）、Ricky（張家祥）
副總編輯｜鄭微宣　責任編輯｜藍尹君、鄭微宣
美術主編｜藍秀婷　封面設計｜鄭婷之　內頁排版｜陳育彤　內頁插畫｜王小鈴　攝影｜林子茗
行銷經理｜張育珊　行銷企劃｜周傳雅

發行人｜張輝明　總編輯｜曾雅青　發行所｜三采文化股份有限公司
地址｜台北市內湖區瑞光路 513 巷 33 號 8 樓
傳訊｜TEL:8797-1234　FAX:8797-1688　網址｜www.suncolor.com.tw
郵政劃撥｜帳號：14319060　戶名：三采文化股份有限公司
初版發行｜2019 年 9 月 27 日　定價｜NT$380
2 刷｜2019 年 10 月 5 日